강진은 살아 보는 거야

강진에서 일주일 살기

강진에서 일주일 살기

엮은이 (재)강진군문화관광재단

발행인 유철상
책임편집 강한나
편집 김정민, 김수현
디자인 박미영
마케팅 조종삼, 김소희
콘텐츠 강한나

펴낸곳 상상출판
출판등록 2009년 9월 22일(제305-2010-02호)
주소 서울특별시 성동구 뚝섬로17가길 48, 성수에이원센터 1205호(성수동2가)
전화 02-963-9891(편집), 070-7727-6853(마케팅)
팩스 02-963-9892
전자우편 sangsang9892@gmail.com
홈페이지 www.esangsang.co.kr
블로그 blog.naver.com/sangsang_pub
인쇄 다라니
종이 ㈜월드페이퍼

ISBN 979-11-6782-200-0(03920)

강진은 살아 보는 거야

강진에서 일주일 살기

상상출판

목차

PART 2 장려상

목차

03 한눈에 보는 일주일 살기

강진에서 일주일 살기 운영 농가의 이야기

강진을 빛내는 대표 관광지

*이 책 『강진에서 일주일 살기』는 (재)강진군문화관광재단에서 일주일 살기를 체험하신 분들의 소중한 수기를 공모하여 당선된 수상작을 한 권의 책으로 묶었습니다.

강진군수 강진원

'강진에서 일주일 살기'는 선물

강진에서 일주일 살기는 선도적인 정책이자 체험이다. 나 자신의 미래를 가늠해 볼 수 있는 좋은 기회이다. 도시민들의 숨쉴 공간이자 시간 프로그램으로 이미 정평이 났다.

어려워진 경제 상황은 도시보다 농촌 지자체에 더 심각한 위기를 전한다. 때문에 지방자치단체와 지역민들은 이를 극복하기 위한 다양한 시도를 하고 반드시 성공시키기 위한 노력을 아끼지 않는다.

대표적인 것이 바로 강진의 농촌체험프로그램 '푸소'다. 푸소(FUSO)는 Feeling Up-Stress Off의 약자로, 힐링 느낌은 높이고 그동안 쌓인 피로는 한꺼번에 날려주는 혹은 날려 버리라는 의미를 담고 있다. 강진군은 벌써 10년째 푸소 농가의 적극적인 참여와 지역민들의 호응 속에 운영하고 있다.

'강진에서 일주일 살기'는 푸소를 바탕으로 지역문화, 관광 및 워케이션을 연계해 만든 생활관광 상품이다. 10년 전 이미 강진은 최근 정부의 지방소멸대응 방향인 '생활인구 증가'를 예견이나 한 듯 실행에 옮겨 왔다. 여기에 더해 프로그램 자체만으로도 소득을 창출하고 지역사회 경제활동에 활기를 더함과 동시에 환원 기능을 톡톡히 하고 있다.

강진에서 일주일 살기는 크게 강진에서 맘 푸소와 푸케이션, 두 개의 체험 코스가 있다.

맘 푸소는 푸소와 지역문화, 관광, 일상체험을 묶어 관광객들을 대상으로 진행하며 푸케이션은 푸소 숙박과 강진읍내 오소 스테이 워케이션을 연계해 운영한다. 강진군은 여기에 더해 강진 문화, 레저, 관광 무료체험 및 할인 등으로 체험객의 만족도를 높여 준다. 이를 통해 결국 강진군민들과 관광객들 간 인적 네트워크를 구축하고 공감대 형성을 통한 생활인구 증대에 최선을 다한다. 푸소농가는 안정적인 수익을 거두고 강진관광을 통한 지역 인지도 상승과 경제 활성화는 자연스레 따라온다.

그동안 강진에서 일주일 살기를 체험한 분들의 후기를 모았다. 체험객들의 강진에서의 잔잔한 감동들을 고스란히 느낄 수 있다. 감동의 주인공인 모든 분들에게 감사드린다.

강진에서 일주일 살기는 강진군과 군민들이 도시민들에게 선사하는 힐링 1번지로, 쉼을 통해 스트레스는 날려 버리고 즐겁고 행복한 추억만 듬뿍 안고 가길 바란다. 또 만나기를 기대한다.

01

강진에서 일주일 살기를 소개합니다

강진에서 일주일 살기란?

남도답사 1번지 강진에서 푸소 농가 현지인과 1주일(6박7일)간 함께 생활하며, 강진의 문화, 관광, 체험 등 일상을 통해 즐거움과 행복을 느끼는 체류형 생활관광입니다.

- 'Feeling-Up, Stress-Off'의 줄임말로, 전라도 사투리 '덜어내다'에서 착안하여 지어진 이름입니다.
- 농가에 머물면서(숙박) 외할머니 밥상 같은 식사와 함께 농촌의 따뜻한 정서와 감성적인 힐링 여행을 할 수 있는 체험 프로그램입니다.
- 문화체육관광부 생활관광활성화 사업 선정(2020~2022)
- 문화체육관광부 국정감사 선진사례 소개(2020)

문의 061-434-7995 | 홈페이지 www.fuso.kr

강진에서 일주일 살기 지원 내용

❶ **참가비** : 1인 17만 원(최소 2인 이상 신청가능), 6박 제공

*2024년 기준 일주일 살기 1인(34만 원) 할인금액이며, 참가비는 매년 변동될 수 있습니다.

❷ **체류기간** : 6박 7일(1농가) 또는 3박4일 + 3박4일(2농가선택)

❸ **식사** : 조식 6회, 석식 2회 제공

- 6박 7일 1농가 이용 시 입실 첫날, 퇴실 전날 제공.
- 3박 4일 2농가 이용 시 각 농가 입실 첫날 제공.

❹ **교통** : 자가용 이용 시 재단 방문 후 해당 농가로 직접 이동,
대중교통 이용 시 강진터미널로 푸소농가 픽업 재단 방문 후 농가로 이동

❺ **체험**

필수체험 : 나만의 청자 컵 만들기(고려청자박물관)
선택체험 : 개인음반제작, 짚트랙, 제트보트, 각종 문화예술강좌 및 공연

❻ **혜택** : 회원카드 발급
(관광지 방문시 회원카드 제시할 경우 무료, 군민가 적용 등의 할인혜택 제공)

강진에서 일주일 살기 이용방법

❶ 예약

일정 선택 → 날짜·농가 선택 → 예약 정보 입력 → 예약하기 → 농가입금 → 예약완료

6박 7일 or
3박 4일+3박 4일 선택

24시간 이내
체험비 입금 및
농가 확인·변경

❷ 체험

강진도착 → 강진군문화관광재단 방문 → 농가 이동 → 일주일 살기

(회원 카드수령)

(자율관광)

❸ 기타혜택

회원카드 보유자는 재방문시 기존 할인 혜택 제공

오소스테이(OSO STAY)

오소스테이는 '어서 오세요' 전라도 사투리로 『OSO』와 '머무르다' 의미의 『STAY』가 더해진 합성어로 강진군 출연기관 강진군문화관광재단에서 운영하는 강진 유일 & 최초의 워케이션 특화 숙박시설입니다.

- **참가인원** : 2인 이상 신청 가능
- **참가비** : 오소스테이(6박7일) 30~40만 원, 푸케이션(푸소 3박4일+오소스테이 3박4일) 32~37만 원

*2024년 기준 적용된 숙박비로, 매년 참가비는 변동될 수 있습니다.

2024 일주일살기 참여농가 정보 (총 37개 농가)

번호	권역	농가이름	주소	방종류	반려동물
1	영랑	강진힐링하우스	강진읍 사의재길31-10	온돌	
2		군동라천민박	군동면 동동길91-3	침대	가능
3		꽃뜰	강진읍 도원길50-4	침대+온돌	
4		꽃마중	군동면 까치내로95	침대	
5		명선하우스	군동면 까치내로107	침대	
6		보리민박	강진읍 기룡1길16-10	침대+온돌	
7		산정호수	강진읍 신천길108-16	침대+온돌	
8		선화네푸소	강진읍 사의재길31-21	온돌	
9		소울민박	강진읍 영파길256-5	온돌	
10		언덕배기해오름집	강진읍 학산길7	침대	
11		올바른농원	강진읍 보전길22-14	침대	
12		청솔농원민박	군동면 서은길28-28	온돌	가능
13		탱자네민박	강진읍 신천길112	침대	
14		한실농박	군동면 군장로371-10	침대+온돌	
15	청자	고향집	대구면 상저길29-18	온돌	
16		내미농박	마량면 청자로2569	침대+온돌	
17		천년의 고을농원 비취 블루베리	칠량면 목암길40	온돌	가능
18		추억	칠량면 윗영동길15-6	온돌	
19		호수가보이는집	칠량면 사구길38	침대+온돌	
20	다산	바다가보이는집	신전면 운주로595	온돌	
21		별빛마루	신전면 수양길148-219	온돌	
22		비비안네사랑채	도암면 옥전1길42-8	온돌	
23		온새미로	도암면 봉황로600-2	온돌	
24		임이랑농장	도암면 덕촌길14	침대	
25		청향채	도암면 다산초당길59	온돌	
26		초당골한옥	도암면 다산초당길63	침대	
27		푸른꿈나무의집	도암면 월하2길43	침대	
28	하멜	강진산들농원	병영면 병영성로82-22	침대	
29		금당백련	성전면 금당길33	침대	
30		솔나무안집	병영면 병영사거리길25	온돌	
31		엄지민박	옴천면 옴천로760-23	온돌	
32		토가	병영면 금강로1028	온돌	가능
33	달빛	너와나의둥지	성전면 달빛한옥길42-1	온돌	
34		별바라기	성전면 달빛한옥길46	온돌	
35		보금자리	성전면 달빛한옥길55	온돌	
36		해로당	성전면 달빛한옥길57	온돌	
37		화담재	성전면 달빛한옥길3	온돌	

'강진에서 일주일 살기'의 성공 비결

손민호 중앙일보 레저팀장

'강진에서 일주일 살기'는 전남 강진군이 2020년 5월 시작한 지역 체류형 관광사업이다. 문체부 생활관광 사업의 최고 모범 사례로 꼽힌다. '강진에서 일주일 살기' 사업이 시작됐던 2020년을 돌아보자. 그 시절 한국 사회는 코로나 사태로 사실상 마비됐었다. 전국의 지방 축제가 일제히 취소됐고, 유명 관광지 대부분이 문을 걸어 잠갔다. 강진은 달랐다. 인구 3만2000명이 조금 넘는 남도의 작은 고장만 밀려드는 관광객으로 즐거운 비명을 질렀다. '강진에서 일주일 살기' 문의 전화가 쇄도해 강진군문화관광재단과 강진군청이 일상 업무에 큰 차질을 빚었고, '강진에서 일주일 살기' 신청 홈페이지가 다운되는 사고도 일어났다.

그해 가을, 국회 문광위 국정감사 현장을 똑똑히 기억한다. 한 국회의원이 '강진에서 일주일 살기' 사업이 소개된 『중앙일보』 지면을 한 손에 들고 "왜 이런 좋은 사업이 전국에 확산이 안 되느냐"며 관광 당국을 질타하는 장면이 TV를 타고 전국에 생중계됐다. 국정감사 이후 정부의 생활관광 사업은 확대되었고, 지역관광 활성화 정책이 탄력을 받는 계기가 됐다.

'강진에서 일주일 살기'가 무엇이길래 이 소동이 벌어졌을까. 지역에서 추진했던 수다한 체류형 관광사업 중에 '강진에서 일주일 살기'만이 독보적인 성과를 낼 수 있었던 이유는 무엇일까. 지난 5년간 여행기자로서 지켜봤던 '강진에서 일주일 살기'

의 주요 장면을 조목조목 옮긴다. 성공 비결을 하나만 꼽는다면, 나는 '인심'이라고 말하겠다.

푸소를 아시나요

'강진에서 일주일 살기' 사업을 이해하려면 우선 강진군의 농박(농촌민박) 브랜드 '푸소'를 알아야 한다. 푸소(FU-SO)는 'Feeling-Up, Stress-Off'의 줄임말로 농박과 농촌 체험을 결합한 여행 프로그램이다. 2015년 학생·공무원 단체를 대상으로 사업을 시작했다. 처음에는 115개 농가가 참여했는데, 2024년 올해 현재 94개 농가가 참여하고 있다.

원래 푸소는 참가자에게 하루 두 끼(아침, 저녁) 음식을 제공했다. 농촌민박업은 원래 아침 식사만 제공할 수 있는데, 푸소는 저녁 식사를 농촌 체험 활동의 하나로 집어넣었다. 농민과 텃밭 채소를 뜯고 밥상을 차리고 음식을 먹는 행동 일체를 농촌 체험 활동에 포함했다. 일종의 편법이라고 할 수 있겠으나, 획기적인 인식 전환이라고 이해할 수도 있다. 저녁 식사가 포함된 혜택은, 아침도 제대로 안 챙겨주는 국내 민박업계 사정을 고려하면 최초의 시도였기 때문이다. 이로써 '1박 2식'을 기본으로 하는 일본 료칸(旅館)식 서비스 체계가 갖춰졌다.

2020년 당시 푸소 서비스를 문체부의 생활관광 공모사업에 적용한 사례가 '강진에서 일주일 살기' 사업이다. 애초에는 참가자가 6박 7일간 푸소 농가에 머물면 12끼를 모두 제공했다. 사업이 처음 시작되었던 해인 2020년 기준으로, 참가비는 1인 15만 원(2인 이상 최대 4명 신청). 농가에는 같은 액수의 지원금을 더해 1인 30만 원씩 수익을 돌려줬다. 여행자는 2인 30만 원의 비용으로 일주일 숙박과 12번의 끼니가 해결되고, 농가는 주 60만 원의 수익이 생기는, 말하자면 '누이 좋고 매부도 좋은' 일거양득의 시스템이 구축됐다.

먹고 자는 편의 다음에는 놀러 나가는 편의도 마련했다. 참가자에겐 강진군의 각종 관광시설 입장료와 체험료 할인 혜택을 제공했다.

이를테면 '청자 컵 만들기 체험'과 '나만의 음반 만들기 체험'은 무료다. 청자 컵 만들기 체험 같은 필수 체험 프로그램을 운영해 강진의 문화관광 콘텐츠를 알리는 계기로도 활용했다. 고려청자박물관 체험관의 경우 '강진에서 일주일 살기' 참가자의 70% 정도가 비용을 더 내고 유료 콘텐츠를 추가로 즐겼다.

인심을 팔다

현재 '강진에서 일주일 살기'는 사업 초기와 비교해 혜택과 비용 일부를 조정해 운영하고 있다. 초기에는 하루에 두 끼씩 음식을 제공했으나, 지금은 매일 아침은 주고 저녁은 일주일 일정 중 두 번만 준다. 참가비도 올렸다. 올해 참가자는 1인 17만 원씩 내야 한다. 농가는 1인 참가비에 같은 액수인 17만 원을 추가로 지원받는다. 참가자 수 제한도 있다. 올해는 1,000명만 받는다. 모두 한정된 예산 때문이다.

일부 비용과 혜택이 조정됐지만 '강진에서 일주일 살기'의 정신은 바뀌지 않았다. '강진에서 일주일 살기'는 농민이 제 텃밭에서 딴 채소와 마을 앞에서 잡아 온 해물로 차린 시골 밥상이 메인 콘텐츠다. 다시 말해 시골의 인심이다. '강진에서 일주일 살기'는 여전히 사람과 사람 사이의 정(情)으로 충만하다.

참가자 여러 명을 취재했는데, 참가자들은 하나같이 농촌 밥상을 가장 소중한 추억으로 떠올렸다. 예를 들어 2020년 10월 '강진에서 일주일 살기'에 참가한 박미양 씨 부부는 다음과 같은 후기를 남겼다.

"여행을 와서 집밥을 먹다니요. 요즘엔 집에 손님이 와도 밥을 해 먹는 일이 없잖아요. 밖에서 사 먹거나 시켜 먹지. 여행을 자주 다니는데 이번 여행은 특별했어요."

푸소 농가도 대부분이 손수 기른 농산물로 밥상을 차렸다. 나 또한 박미호·윤정인 씨 부부가 사는 '초당골한옥'에서 저녁 밥상을 받아 본 적이 있다. 반찬이 20개가 넘었다. '강진달빛한옥마을' 김영성 이장은 "솔직히 힘들고 남는 것도 별로 없지만, 재미도 있고 보람도 느낀다"고 말했다.

강진군문화관광재단에 따르면 2020년부터 2023년까지 '강진에서 일주일 살기' 사업의 직접 경제효과는 23억 6,430만 원이다. 그러나 여기에 포함되지 않는 의외의 소득이 있다. 집으로 돌아간 참가자가 푸소 농가에서 손수 생산한 농수축산물을 주문하고 있어서다. 일주일간 농사짓는 모습을 직접 지켜봤으니 믿지 않을 이유가 없었을 테다. '올바른 농원'의 무화과와 키위, '초당골한옥'의 유기농 쌀은 이미 든든한 판로를 확보했다. 강진원 강진군수의 말을 옮긴다.

"강진에서 일주일 살기는 여행자와 농가 모두를 위한 사업입니다. 여행자에게는 농촌 여행의 한 모델을 제공하고, 강진 농민에게는 농산물 판매의 새 활로를 제시했다고 믿습니다."

엄마, 이모와 함께한 강진에서 일주일 살기

여행작가 채지형

일주일 강진 살이는 잊지 못할 추억을 한 바구니 안겨 줬다. 일주일 내내 비가 내렸음에도 불구하고, "아, 좋다"라는 감탄사가 시냇물처럼 끊이지 않고 흘렀다. 살면서 엄마, 이모 그리고 나까지 이렇게 셋이 일주일을 보낸 적은 한 번도 없었다. 같은 공간에서 밥을 먹고 잠을 자고 산책하는 것만으로도 감사했다. 그런데 남도 답사 일번지 강진이라니. 더할 나위 없었다. 두 분은 자주 웃으셨고, 나는 많이 흐뭇했다. 느긋하게 강진만생태공원을 걷던 시간, 청자를 만들며 하하 호호 웃던 순간, 진지하게 민화를 감상하시던 표정, 유서 깊은 백련사를 함께 바라보던 때. 강진을 생각만 해도 입꼬리가 슬며시 올라간다. 주저하는 엄마를 보채서 강진행을 강행하길 잘했다 싶었다.

강진에 머문 동안 반짝반짝한 일이 가득했지만, 그중에서 최고는 전남음악창작소의 '나만의 음반 만들기'였다. '강진에서 일주일 살기'의 선택프로그램 중 음악창작소를 이용한 '음반 만들기' 프로그램이 있었다. 누구라도 가수처럼 자신의 노래를 CD에 담아 갈 수 있는 것. 처음에는 "좋아, 좋아"라는 반응을 보이셨는데, 직접 노래를 해야 한다고 말씀드리니 무척 난감해 하셨다. 왕방울만큼 커진 눈을 깜박이시며 "아이고, 마이크 대고 노래를 한다고? 안 해, 난 못 해. 내가 뭔 가수간디."라고 손사래를 치셨다. 내가 알기로 두 분은 몇 년 동안 노래교실을 꾸준히 다니실 정도로 노래 부르기를 사랑하는 분이다. 이렇게

좋은 기회를 포기하겠다고요? "엄마, 이모. 언제 또 해보겠어요. 다른 데서는 하고 싶어도 못해요. 추억 담은 CD 한 장은 들고 가야죠"라고 엄마와 이모를 어르고 달랬다. 두 분은 "연습도 못 했는데…"라고 말꼬리를 흐렸지만, 결국 못 이기는 척 고개를 끄덕이셨다.

생전 처음 경험하는, 어쩌면 앞으로도 없을 노래 녹음. 오감통에 있는 전문적인 레코딩 장비를 보고 깜짝 놀라셨다. "테레비로만 보던 녹음실에 들어와 보고, 나 출세했다."라시며, 즐거워하셨다. 두 분이 심사숙고해서 고른 노래는 「봄날은 간다」와 「고향의 봄」, 「바램」 세 곡. 「봄날은 간다」는 가수 김윤아의 노래가 아니라, 원로가수 백설희의 노래다.

드디어 녹음 시작. 눈을 지그시 감고 "연분홍 치마가~"로 시작하는 「봄날은 간다」를 부르시는 두 분 표정이 너무도 진지했다. 가사는 애절하고 목소리는 더 절절했다. 녹음실에는 긴장감이 흘렀다. 첫 녹음이 끝났는데, 두 분 모두 표정이 그다지 밝지 않았다. 노래 중간 고음 부분이 마음에 안 드셨던 모양이었

다. 감사하게도 엔지니어분이 엄마의 표정을 읽으시곤 "어머니, 다시 한번 할까요? 떨지 마시고 재미로 한다고 생각하세요. 뭐, 별거 있나요? 이미 잘하고 계셔요"라며 힘을 주셨다.

두 분은 안도의 한숨을 내쉬더니, 다시 한번 노래에 집중했다. 두 번째 도전은 성공. 내쳐서 "나의 살던 고향은~", "우리 만남은 우연이 아니야~"로 녹음은 이어졌다. 이렇게 특별한 재미를 만끽한 엄마와 이모 두 분은 옥구슬 같은 목소리가 담긴 CD를 받아들고, 마치 생일선물을 받은 아이처럼 좋아하셨다.

강진에서 반짝이던 순간 중 하나를 더 꼽자면, '산정호수'에서의 식사 시간이다. 산정호수는 강진에서 묵었던 숙소 이름이

다(경기도 포천이 아니다). '강진에서 일주일 살기' 프로그램의 큰 특징은 숙소에서 아침, 저녁 식사를 차려 주는 점이었다. 오리백숙, 닭백숙 등 요리 한 상이 매일 올라왔다. 꼬막을 비롯해 죽순, 고사리나물, 호박잎, 토하젓 등 정성 듬뿍 담긴 반찬이 테이블을 영롱하게 수놓았다. 아침에는 고등어구이, 부세찜 등 생선 요리가 차려지거나 전복죽 같은 별미가 등장했다. 밭에서 막 따 온 채소로 만든 음식이라 더 황송했다. 식사 때마다 식탁은 화려한 꽃처럼 피어났다. 담백한 맛, 싱싱한 기운, 진한 정성이 어우러져 놀라울 따름이었다. 진짜 미덕은 눈이 아니라 마음으로 다가왔다. 속이 안 좋다고 배를 살살 만지는 이모를 보고는 양념을 조금만 넣어 음식을 조리해 주셨다. 알뜰살뜰 챙겨 주는 마음에, 미안하고 감사해서 어찌할 바를 몰랐다.

음식 좋고 사람 좋은 산정호수. 여기서 끝이 아니었다. 스위스 아닌가 싶을 정도로 파릇파릇한 정원도 훌륭했다. 연못에 핀 노랑 어리연꽃은 엄마 눈에 하트가 피어오르게 했다. 아침이면 물안개가 피는 저수지도 바로 앞이었다. 아침 식사를 마치면 엄마와 그네에 나란히 앉아 살랑살랑 바람을 맞으며 이런저런 이야기를 나눴다. 그때 예감했다. 그네 타던 그 순간을 오래오래 추억할 거라는 사실을.

강진을 수십 번 들락날락했지만, '강진에서 일주일 살기'로 찾은 강진만큼 기억에 남은 적은 없었다. 사랑하는 엄마, 이모와 함께한 여행인 데다 한곳에 머문 여행이었기 때문이 아니었을까 싶다. 역시 여행지도 오래 봐야 더 예쁘게 보인다. 일주일간 사랑하는 가족과 함께한 강진 여행, 그 어떤 여행도 부럽지 않았다.

일주일이 짧은 강진에서 일주일 살기

여행작가 이주영

강진에서 일주일 살기 프로그램은 '몸도 마음도 맘 확! 푸소'라는 부제를 달고 있다. 농가와 함께 생활하면서 훈훈한 정과 감성을 경험하며 감성은 올리고 스트레스를 날린다는 의미가 담겨 있다. 숙소인 '푸소 농가'는 강진의 많은 농가 중 엄선된 곳들로 지방의 농가이지만 시설과 서비스가 우수한 편이다. 홈페이지에 소개된 푸소 농가 중 직접 살펴보고 마음에 드는 곳을 선택할 수 있다. 농촌 분위기에 어울리는 가옥부터 한옥, 이층집, 황토방 등 형태도 다양하고 강진 읍내에서 가까운 곳, 다

산초당과 인접한 곳 등 위치도 제각각으로 선택지가 넓다. 한 번쯤 살아 보고 싶던 집을 선택! 비록 일주일이지만 공기 좋은 마을에 우리 집이 생긴다고 생각하면 든든하고 설렌다.

푸소(FU-SO)는 '필링 업, 스트레스 오프(Feeling Up, Stress Off)'의 줄임말이다. 농가에 머물며 하루의 스트레스를 풀어 가는 체류형 프로그램으로 텃밭 체험, 차 만들기, 동물 모이 주기 등 도시에서 쉽게 할 수 없는 체험들로 구성되어 있다. 그중에서도 특별히 '남이 해주는 밥'을, 그것도 한 상 가득 전라도 음식으로 차려 주는 밥상을 매끼 맛볼 수 있다니 이런 호사가 또 있을까. 농가에서 직접 재배한 농작물로 가득 차려진 밥상은 영양과 맛이 가득한 느낌! 웬만한 한정식집에서 먹었던 것보다 맛이 정갈하고 깔끔해 매일 '오늘 저녁에는 무슨 반찬이 나올까' 기대하게 된다. 함께 밥을 먹는다는 건 식구(食口)가 된다는 뜻! 아침저녁 식사를 주인장과 함께하며 두런두런 사는 얘기를 나누며 정이 들어가고 그렇게 식구가 되어 간다.

농가 체험도 좋지만 강진에 가볼 만한 곳이 많다는 점도 매력적이다. 강진과 깊은 인연을 가진 다산 정약용이 강진에 유배 와서 처음 머물렀던 사의재와 이후 10여 년 동안 생활한 다산초당, 그의 삶과 업적을 기리는 다산박물관이 있다. 다산이 친구인 혜장 선사와 서로를 방문하기 위해 걸었다는 다산초당과 백련사를 잇는 오솔길을 따라 강진 백련사 동백나무 숲(천연기념물 제151호)도 만나 볼 수 있다.

시 「모란이 피기까지는」을 지은 김영랑(김윤식) 시인도 강진 출신이다. 영랑이 태어나 살면서 많은 시를 쓴 생가가 강진읍에 위치해 있는데 시의 소재가 되어 준 삶의 흔적이 고스란히 남아 있다. 영랑생가 주변으로는 세계모란공원과 시문학파기념관이 자리해 볼거리를 더한다. 월출산 아래 드넓게 자리한 강진다원은 기암괴석이 병풍처럼 둘러친 산 아래 무려 33.3ha(약 10만 평) 규모의 차밭이 푸른 융단처럼 펼쳐진다. 지척에 조선시대 이담로가 조성한 별서 원림인 백운동 원림도 있다. 정약용은 이곳 풍광에 반해 본인의 시와 초의선사의 그림을 담은 시첩 「백운첩」을 남겼다.

일주일 살기에 시장은 필수! '오감통'이라는 문화관광형 시장은 지역 농산물을 판매하는 시장 주변으로 전남음악창작소, 한정식체험관, 특산물 판매장, 먹거리 장터 등이 있다. 매월 4일과 9일로 끝나는 날에는 오일장이 열려 더욱 활기찬 분위기를 느낄 수 있다. 2015년 개장 이후 100만 명 이상이 다녀간 '마량놀토수산시장'도 강진에서 놓치지 말아야 할 시장이다. 최고 신선, 최고 품질, 최고 저렴의 3최(最)와 외국산, 비브리오, 바가지요금이 없는 3무(無)의 운영전략으로 싱싱한 수산물과 다양한 먹거리를 매주 토요일마다 저렴한 가격으로 즐길 수 있다.

여행 외에도 다양한 체험으로 강진에서 일주일 살기가 알차게 채워진다. 고려청자박물관에서 진행하는 나만의 청자 컵 만들기는 체험을 하고 두세 달쯤 후에 집에서 받아 볼 수 있기 때문에 여행 후 강진을 추억하기에 딱 좋은 체험이다. 강진에서 일주일 살기 참가자에게는 무료다. 이한영 문화원에서 맛볼 수 있는 '티 오마카세'는 여러 종류의 차를 코스로 내어준다. 눈이 시원하게 펼쳐진 강진다원을 바라보며 차를 즐기는 시간은 강진에서 일주일 살기의 깊이를 더한다. 주말에 사의재와 병영성 일원에서 펼쳐지는 '조만간 프로젝트'와 '불금불파'도 놓칠 수 없는 재미다. 조만간은 '조선을 만난 시간'의 줄임말로 조선시대 생활상과 인물을 재현해 색다른 즐거움을 선사한다. 전남음악창작소에서는 나만의 목소리를 담은 음반을 무료로 만들 수 있다.

무엇보다 맛의 고장 강진에서는 남도 식도락 여행의 진수를 맛볼 수 있다. 강진의 땅과 바다에서 나는 신선한 재료로 한 상 가득 차려 내는 한정식을 비롯해 닭, 문어, 전복 등을 넣고 고아 만든 보양 음식 회춘탕, 강진만 청정 갯벌에서 잡은 싱싱한 바지락으로 만든 바지락회무침, 연탄불 위에서 지글지글 구워 내는 병영면의 돼지 불고기, 다산이 좋아했다는 사의재 안에 있는 동문주막(동문매반가)의 아욱국 등을 모두 맛보려면 강진에서의 일주일이 참 짧다.

강진은, 살아 보는 거야

여행작가 권다현

"생활관광을 어떻게 정의해야 할까요?"

누군가는 일부러 찾아야 하는 먼 곳이 아닌, 생활권 가까이에서 일상처럼 누리는 여행이 필요한 시점이라고 했다. 또 누군가는 당시 유행하던 숙박공유플랫폼 광고 카피를 들어 이제는 관광객이 아닌, 현지인처럼 살아 보는 여행이 중요해졌다고 했다. 여행작가와 여행기자, 여행유튜버 등 여행을 사랑하는 다양한 사람들이 모여 머리를 맞대고 열띤 토론을 벌였다. 그로

부터 몇 달 후, 문화체육관광부의 생활관광 활성화 사업 계획이 발표되었다.

생활관광의 정체성을 규정하는 데 의견을 보탰던 인연으로 몇 번의 선정심사에 참여할 기회가 있었다. 그럴 때마다 가장 중요하게 여겼던 것은 지역의 특색을 잘 담아낸 숙소, 그리고 지역민과의 다양한 접점이었다. 당시 자료를 살펴보면 생활관광은 현지인들만의 먹거리와 볼거리를 즐기고, 현지인처럼 살아 보는, 현지인다운 여행으로 정의되었다. 일주일(사업 중반부터 2박 이상으로 기준이 바뀌었다)이란 한정된 시간 속에서 이것들을 경험하려면 무엇보다 현지인과의 긴밀한 관계 형성이 필요했다. 참여자가 제일 오랜 시간을 보내는 공간이 숙소이기에, 그 주인과 활발하게 소통할 수 있다면 더할 나위 없다고 생각했다. '강진에서 일주일 살기'는 그와 같은 기준에 가장 완벽하게 부합한 프로그램이었다. 현장을 둘러보는 내내 '나도 한번 참여해 보고 싶다!' 생각이 들었으니 말 다했다.

2020년 가을, 기어이 두 아이와 함께 강진에서 일주일 살기에 도전했다. 감히 도전이라 표현한 것은, 아이들과 일주일 넘게 여행을 해본 적은 있어도 낯선 누군가의 집에서 방을 나눠 쓰고 함께 아침저녁을 먹으며 생활하는 것은 처음이었기 때문이다. 한창 시끄러운 나이의 두 아들이 혹여 주인들의 일상에 불편함을 끼치지는 않을까, 강진으로 향하는 차 안에서 걱정과 불안이 꼬리를 물었다. 그러나 친정 부모님보다 더 반갑게 우릴 맞아준 주인 내외의 다정한 미소와 살가운 손길이 구석구석 묻어나는 농가 풍경에 무거웠던 마음은 눈 녹듯 사라졌다. 지방이 많아 쉽게 상하기 때문에 완도 인근에서만 맛볼 수 있다는 고소한 삼치회와 제철 맞은 전어를 회는 물론 구이와 무침까지 챙겨 낸 첫날 저녁상은 SNS에 사진을 올리자마자 지인들

사이에서 화제가 됐다. 실제로 한 친구는 이 사진을 보고 당장 강진에서 일주일 살기를 신청했다며 인증화면을 보내오기도 했다. 상차림만큼이나 주인들과의 대화도 풍성하게 이어졌다. 마침 비슷한 또래 손자들이 있다며 아이들과도 능숙하게 어울렸다. 덕분에 외갓집에 온 것처럼 신나게 뛰어놀던 아이들은 스마트폰을 보여 달라 조를 새도 없이 잠들어 버렸다.

우리가 머물렀던 '올바른 농원'은 키위와 무화과 농사를 짓는다고 했다. 키위 수확이 끝난 지 얼마 되지 않아 아침부터 도시에서는 귀한 과일로 통하는 레드키위를 잔뜩 맛봤다. 아직 나무에 매달린 작은 키위도 마음껏 따서 먹으라고 하셨다. 키위밭은 나도 아이들도 처음이었다. 재미 삼아 실한 녀석을 몇 개 골라 손에 담는 사이, 둘째는 제 키에 닿지 않는 키위를 따려고 통통 뛰어오르기를 반복하고 있었다. 그 모습이 귀여워 주

인 할아버지 얼굴에 함박웃음이 차올랐다. 새소리, 닭 소리를 따라 초록빛 대숲을 산책하고 돌아오니 탁자 위에 아이들과 가기 좋은 여행지들이 메모지 한가득 적혀 있었다. 아침 식사 때 현지인 추천 여행지가 궁금하다고 했던 것을 기억하고 일부러 마음을 써 준 것이다. 그렇게 우리는 강진 사람들만의 먹거리와 볼거리를 즐겼고, 헤어질 땐 누가 먼저랄 것도 없이 서로를 끌어안으며 다시 만날 것을 약속했다. 며칠 새 할머니, 할아버지와 정이 듬뿍 들었는지 첫째는 돌아오는 차 안에서 눈가가 촉촉해졌다.

두 번째로 인연을 맺은 숙소는 마당에서도 방에서도, 심지어 화장실에서도 월출산이 바라보이는 그림 같은 곳이었다. 아이들은 이 '월출산방'을 흙 놀이했던 집으로 기억한다. 학교 선생님이자 테라코타 작가인 주인장과 함께 흙으로 조물조물 만들기에 빠져들었던 특별한 체험 때문이다. 그뿐만 아니다. 차를 너무 좋아해 직접 차밭을 가꾸게 되었다는 어르신은 아침저녁으로 향기로운 녹차와 황차를 대접했다. 아이들은 주인 할머니와 함께 차밭을 거닐며 잘 영근 녹차 씨앗을 바구니 가득 주워오기도 했다. 마지막 날에는 싱싱한 농어회에 차꽃으로 담근 술을 마시며 낭만적인 밤을 지새웠다. 그야말로 오감이 호화로웠던 사흘 밤낮이었다.

요즘 지역마다 관계인구 만들기가 뜨거운 이슈다. 물론 정책적 필요에 의해 도입된 단어다 보니 그 실체에 대해선 의견이 분분하다. 그럼에도 지역에 직접 거주하지는 않더라도 지속적인 애정과 관심을 두는, '느슨하지만 따뜻한 연결'은 꼭 필요하다. 내겐 여행 그 이상이었던 '강진에서 일주일 살기'가 강진을 언제든 달려가 안기고 싶은, 늘 소식을 궁금해하고 마음을 다해 응원하는 곳으로 만들어 줬으니 말이다.

02

강진에서 일주일 살기 스토리

PART 1

강진에서 일주일 살기 스토리

대상
최우수상
우수상

아내, 남편, 아기, 양가 어머니가 함께하는 강진 여행

김한솔 (대상)

푸소 농가 정보
토가

기대보다 넘치게 좋았던 그곳, 강진.

내가 일상의 풍파에 지쳐갈 때쯤, 여행을 좋아해 이것저것 검색하던 남편이 내게 운을 띄웠다.

"우리 힐링 한번 하고 올까?"

"강진? 거기에 뭐 하러?"

내가 대답했다. 사실 남편으로부터 강진에서 일주일 살기 프로그램에 대한 소개를 처음 들었을 때 나는 그다지 구미가 당기지 않았다. 대학생 때 타지에서 하숙 생활을 했던 나로서는 주인과 마주치는 일이 영 불편할 것 같아 내키지 않았다. 더군다나 아기를 데리고 가야 하는데 주인이 그리 좋아할 것 같지 않았다.

"그냥 서울에 호텔 가서 호캉스나 하면 안 돼?"

나의 이런 반응에 위기감을 느낀 남편도 지지 않고 체험 후기사진들을 내 코앞에 들이밀었다.

"이 가정식 좀 봐 봐. 엄청 맛있겠지? 나 예전 외갓집 구조가 이 집과 많이 비슷한데, 왠지 주인분도 우리 외할머니같이 푸근할 것 같아."

남편이 재작년에 돌아가신 외할머니 카드를 꺼내는 바람에 마지못해 백기를 들고 떠나게 된 강진. 그곳에서 보낸 시간은 나의 편견을 뒤엎는 놀라운 시간이었다. 푸소 농가에서 먹은 맛깔나는 음식들은 모두 푸짐하고 맛있었고, 우리가 머물렀

던 푸소 농가는 주인댁과 별채가 별도로 나뉘어 있는 구조라서 사생활을 보장받을 수 있는 점도 매우 마음에 들었다. 주인 내외도 너무 좋은 분들이었다. 식사시간에 아이가 바닥에 밥풀을 흘리거나 돌아다녀도 인자하게 미소지으며 사탕도 건네주셨다. 아이를 데려가면 싫어할 거라는 내 생각은 쓸데없는 걱정이었다. 그 포근하고 눅진한 강진의 사람 내음이 오래도록 기억에 남을 것 같다.

아주 특별한 투어 '개(Dog)이득', 가우도의 장금이

"여보. 블로그에서 봤더니 가우도에 오면 가오리빵을 먹어야 한대, 우리도 한번 맛 좀 볼까?"

걷느라 마침 출출하던 차, 우리 가족은 가우도 명물이라는 가오리빵으로 간식타임을 가지게 되었다. 포슬하고 담백하니 아이가 먹기에도 괜찮았다. 가게 앞에서 빵을 먹고 있는데 곁으로 슬그머니 조그만 개 한 마리가 다가왔다. 목줄을 차고 털도 가지런히 다듬어진 모습이 아마도 주인 있는 개인 것 같았다. 강아지는 유모차 옆에서 가오리빵을 쥔 아이의 손을 아련한 눈으로 바라보며 킁킁거리고 있었다.

"멍멍아, 이리와 빵 먹어."

아이가 빵을 몇 조각 나눠 주자 강아지는 잘 받아먹었다. 옆에 있던 가게 주인아주머니가 "동네 개 장금이에요. 여기저기 잘 돌아다녀요." 하고 살짝 귀띔해 주었다.

빵을 다 먹고 나서 발걸음을 옮기려는데 장금이가 우리를 앞장서기 시작했다. 개가 가는 방향이 마침 우리가 향하던 출렁다리 방향이어서 우리는 장금이를 따라 걸음을 옮겼다. 장금이는 마치 여행 가이드처럼 바다로 이어진 덱 위를 미끄러지듯 걸으며 우리를 앞서갔다. 우리가 조금 뒤처지는 듯하면 기다려

섰다가 도착하면 다시 움직였다. 늠름하게 출렁다리까지 우리를 인도하는 장금이의 모습은 영락없는 호위무사 같았다. 출렁다리에 도달하니 바다와 산이 어우러진 경관이 정말 장관이었다. 우리는 안내에 대한 감사의 표현으로 장금이와 출렁다리 앞에서 찰칵! 기념사진을 찍었다. 그날 보았던 가우도의 멋진 절경, 전혀 예상치 못한 작은 생명체와의 교감은 세 달여가 지난 지금까지 특별한 기억으로 남아 있다. 지금도 우리 가족은 한 번씩 강진의 가우도를 떠올리며 말한다.

"장금이는 지금 뭐 하고 있을까? 거기 가면 또 만날 수 있을까?"

모두를 눈물짓게 만든 두 어머니의 노래, 음반제작 체험

"무슨 노래를 해? 쑥스럽게끔."

친정엄마가 대답하신다. 그에 반해 시어머니는 호기롭게 말씀하신다.

"왜요, 사돈. 우리 재미 삼아 한번 해보시죠."

"그럼…. 그럴까요?"

그렇게 음반제작 신청을 하고 녹음 당일 부스에서 두 엄마의 얼굴은 설렘으로 가득했다. 먼저 시어머니가 마이크 앞에 섰다. 전문적인 음향기기가 갖추어진 부스 안에 들어가니 시어머니의 얼굴에 긴장한 표정이 역력했다. 시어머니의 선곡은 이미자의 「임이라 부르리까」. 시어머니는 2년 전 진단받은 병환으로 그동안 몸과 마음에 피로가 많으셨다. 아련하지만 묵직하게 울리는 어머니의 노랫소리가 들려오자 울컥하는 마음이 들었다. 노래를 듣는 남편도 묘한 표정을 짓고 있었다. 다음 주자는 친정엄마의 「목로주점」이었다. 밝고 경쾌한 리듬에 아이도 신나서 리듬을 맞추고 손뼉을 쳤다. 이렇게 두 어머니의 노래를 듣는데 '여기 안 왔으면 어쩔 뻔했어!'라는 생각이 스쳤다. 시도해 보지 않았다면 이렇게 좋은지도 몰랐을 것이다. 처음에 무슨 노래를 하라고 하냐고 타박하던 친정엄마는 음원이 완성된 날 핸드폰으로 받아 본 노래 파일을 듣고 또 들으셨다. 그리곤 한마디 덧붙이셨다.

"아, 세 번 불렀으면 더 잘했을 텐데! 아깝네!"

청잣빛 갯벌 위 놀라운 생명이 꿈틀, 강진만 생태공원

낮에 청자 만들기 체험을 마친 우리는 가능하면 많은 볼거리를 체험하고 싶어 노을 지는 시간에 강진만 생태공원을 찾았다. 저녁노을을 품은 광활한 생태공원의 풍경에 가슴이 뻥 뚫리는 것 같았다. 갈대들이 사락사락 바람이 흔드는 대로 움직이며 내는 소리를 들으며 덱을 따라서 쭉 걷는 동안 마음이 차분하게 가라앉았다. 곧 날이 저물 것 같아 전망대 쪽으로 돌아오는데 옆에서 작게 찰싹찰싹하는 소리가 들렸다. 자세히 들여다보니 짙은 옥빛 갯벌 바닥에 짱뚱어가 눈과 입을 뻐끔거리며 파닥이고 있었다. 그 옆에서 게들도 바삐 움직이고 있었다. 고요하리만큼 평화로워 보이는 대자연 속에서 열심히 팔딱이며 생명력을 뿜어내고 있었다. 그중에서도 나는 짱뚱어의 뭉툭한 외모가 참 마음에 들었다. 웃기고도 투박한 모습에서 왠지 모르게 마음의 힘이 되는 메시지를 받았다. '그러니까 너도 힘내'라고 쩍 벌린 입으로 이야기하는 것 같았다.

여행을 떠나면 삶의 사소한 부분들에서 큰 의미를 발견하곤 한다. 사랑하는 사람과 손 맞잡고 떠난 곳에서 자연이 주는 소리에 귀를 기울이고 가까이 들여다보면 그것이 주는 경이로운 메시지를 들을 수 있을 것이다. 강진에서의 소중한 기억으로 우리는 또 현실 속 우리의 자리로 돌아가 다시 삶을 일구어 나갈 힘을 얻었다.

강진, 네 식구의 마음을 녹이다

이소정(최우수상)

푸소 농가 정보
청향채,
강진힐링하우스

2021년 10월, 누군가에겐 지난날을 돌아보는 한 해의 끝자락이지만 우리 가족에게는 질풍노도의 시기였다. 나는 다시 학생으로 돌아가 비대면 수업 과정을 따라가느라 바빴고, 초보 직장인이었던 엄마도 적응에 여념이 없었다. 오빠는 쉴 새 없는 재택업무로 5분에 한 번씩 핸드폰을 들여다봤으며 아빠는 연차 한 번 내기 힘든 직장을 다니고 있었기에 애초부터 마음의 여유가 없었다. 그 무렵 우리 가족은 EBS 〈세계 테마 기행〉이 끝나면 〈한국기행〉을 연달아 보는 것으로 여행에 대한 갈망과 코로나로 인한 운신의 한계를 해소하고 있었다.

그러던 중 〈한국기행〉에서 강진 푸소에 참여 중인 한 민박집의 이야기가 나왔다. '강진? 일주일 살기?' 평소 같았으면 떠올려 보지도 못했을 단어들이 머릿속에서 새롭게 조합되어 매력적인 단어를 탄생시켰다. '디지털 노마드'. 가본 적 없는 지역에 가서 여행과 힐링, 그리고 일상 유지까지 동시에 할 수 있다니, 가지 않을 이유가 없었다.

꼭두새벽부터 달려 푸소 농가에 도착했다. 한옥들이 모여 있는 아담한 동네. 그중 우리가 묵게 된 '청향채'는 마을 입구와도 가까워 여행객 신분으로 안팎을 오고 가기에 더할 나위 없었다. 대문 없이 누구에게나 열려 있는 마당 안으로 발을 딛자 꼬리를 흔들며 다가오는 강아지와 도시에서는 보기 힘든 소나무, 세월의 흔적을 담고 늠름하게 서 있는 장독대가 보였다. 정겨움에 비실비실 웃음이 새어 나왔다. 곧이어 사장님은 성인들로만 이뤄진 네 명의 객식구를 맞이했다. 수줍음 많은 우리 가족도 멋쩍게 인사를 건넸다.

닭볶음탕과 밑반찬들로 이뤄진 저녁 식사 한 상이 차려졌다. 비용에 포함되어 있다는 걸 알면서도 '그냥 먹어도 되는 건가' 싶을 정도의 정성이었다. 우리의 송구스러움을 감지한 것인지 사장님이 자연스레 이야기의 물꼬를 텄다. 밑반찬 재료의 출처에서부터 이 집의 역사, 심지어는 본인 삶의 족적까지. 서로에게마저도 사적인 얘기는 최대한 아끼는 우리 가족은 적잖이 당황했지만, 기승전결이 완벽한 서사 구조에 몰입하며 한술

씩 뜨다 보니 어느새 그릇이 비었다. 사장님의 이런 시도는 효과적이었다. 다음 날부터 부쩍 친밀감이 느껴졌기 때문이다.

예상처럼 강진에 머무는 동안에도 도시에서와 비슷한 일상을 유지했다. 한 가지 다른 점이 있다면 창문만 열어도 다른 세상이 펼쳐진다는 것이었다. 방에서 과제를 하다가 문득 주변 소리에 귀 기울인 적이 있다. 소음 공해가 아닌 풀벌레 소리가 들려왔다. 창밖으로 눈길을 돌리자 아득한 어둠이 깔려 있었다. 자연의 평온함에 동화되어 평소보다 빨리 과제를 끝낼 수 있었다.

하루는 짬을 내 부모님과 마을 뒤에 위치한 만덕산 남도유배길을 걸었다. 온화한 기온은 들떠있던 마음을 차분하게 가라앉혔다. 마을 안에서는 사람 그림자 하나 찾기 힘들었는데 여기서는 꽤 많은 이들을 마주쳤다. 한 등산객은 산신령처럼 불현듯 나타나 효율적인 하산 코스를 넌지시 알려 주고 사라지기도 했다. 정약용 선생이 유배 기간 머물렀다는 다산초당을 지나 천일각이라는 정자에 오르자 멀리 강진만이 보였다. 평생 푹 자 본 적 없는 아빠는 곤히 낮잠을 주무셨다. 나는 가만히 앉아 잔잔한 강진만의 흐름을 바라보았다. "이런 데서 살면 정말 좋겠다"라는 말이 무심결에 튀어나왔다. 마치 같은 생각을 하고 있었던 것처럼 엄마는 조용히 고개 끄덕였다.

일상에 관광을 곁들인 하루하루가 지나고 어느덧 퇴소일이 왔다. 그동안 수줍은 우리 가족을 위해 기꺼이 만담꾼을 자처했던 사장님에게 감사함을 담아 과일 상자를 선물했다. 사장님은 손수 말린 고추 한 봉지로 화답했다. 사실 푸소 기간 동안 여행객으로서 온 힘을 다해 즐겼냐고 물어본다면 대답은 부정에 가깝다. 그렇다면 강진에서 함께했던 순간을 온 마음으로 느꼈냐고 질문을 바꿔보면 어떨까?

두세 달쯤 뒤, 도자기 체험관에서 저마다의 예술세계를 뽐내면서 만들던 결과물이 집으로 배송되었다. 바쁜 일이 일단락되고 여유를 찾았을 무렵에 찾아온 선물은 짙은 여운을 남겼다. 그리고 위의 질문에 자신 있게 답할 수 있다. 온 마음으로 느꼈고, 아직 그 기억으로 살아간다고.

친구야, 강진 가자

이영경 (최우수상)

푸소 농가 정보
선화네 푸소,
한실 농박

친구가 얼마 전 내게 '우리 또 여행 갈까?'하고 묻기에 '강진!' 하고 답했다. 친구는 '그래? 또 갈까?' 하며 웃었다. 지난번엔 가을에 막 접어든 9월이었는데, 남쪽 도시인 강진은 따뜻한 겨울이나 꽃피는 봄 언제라도 좋을 것 같았다.

강진에서의 첫 숙소는 '선화네 푸소'였다. 도착한 숙소의 위치가 뚜벅이 여행자에게 적합하다는 깨닫고는 우리의 선택을 스스로 칭찬했다. 사의재 저잣거리와 주막을 지나 2분 거리에 있는 선화네 푸소에는 늘 활짝 웃는 얼굴로 명랑하게 말하던 선화 언니가 계셨다. 아침마다 꼭 달걀 네 알로만 가능한, 보들보들 입에서 녹던 계란찜과 혹여나 우리의 잠을 깨울까 봐 조심스레 나가 텃밭에서 따오신 싱싱한 채소, 불고기와 함께 쌈을 싸 먹을 때의 된장 맛은 가히 최고였다.

우리는 숙소 인근을 걸으며 길옆 담장들에 그려진 해학적이고도 재미난 벽화들을 카메라에 담았다. 하루의 당 충전을 해주었던 카페 '잼과 크림'의 스콘과 케이크, 일주일 동안 무려 4일이나 들러 단골이 된 카페 '더 클래식'에서 야외무대가 있는 잔디마당을 내다보며 마신 '얼음조금 우유많이 라떼', 가수처럼 마이크 앞에서 설레는 마음으로 음원을 녹음하던 '음악창작소' 등 강진은 우리에게 잊지 못할 추억을 안겨 주었다.

그렇게 선화네 푸소에서의 3일을 즐겁게 보내고 두 번째 숙소인 한실농박으로 이동하던 날이었다. 선화 언니께서 한실농박의 운영자인 은숙 언니와 통화를 하곤 입실 시간에 맞추어 우리를 한실 농박까지 데려다주시겠다고 했다. 강진의 각 푸소 운영자가 서로 소통하는 방식도, 여행자들에게 쏟는 정성까지도 모두 놀라웠다. 청자의 고장답게 푸소의 모든 식기류가 청자라서 무거우실 텐데 걱정했더니 '우리는 고양이 밥그릇도 청자야'라고 웃으시며 그 자리에서 청자 사각 접시를 우리에게 선물로 주던 선화 언니. 인심 좋은 그녀와 함께 우린 선화네 푸소를 떠났다.

두 번째 농가인 한실 농박에 도착했다. 우리를 별채로 안내해 주고 금방 푸짐한 다과상을 한 상 내어오시던 은숙 언니. 이

때부터 우린 정 많은 언니의 매력에 풍덩 빠지게 되었다. 탐진강 건너 널따란 들판으로 둘러싸인 한실 농박의 정취는 도시 촌놈인 우리가 가슴을 활짝 펴고 크게 숨 쉴 수 있는 여유로운 풍경이었다. 나무와 꽃들을 울타리로 삼은 그 댁의 빠알간 봉숭아꽃은 우리에게 그리움으로 맺히기에 충분했고, 또 오겠다고 다짐하게 만들었다. 뚜벅이인 우리가 미처 다녀오지 못한 월출산의 전경과 드넓은 녹차 밭, 백운동 원림, 무위사 그리고 강진만까지 돌아보는 나들이 계획을 세워주시며 여행 가이드까지 자처하신 한실 농박 두 내외분은 그야말로 우리에게 '행운의 선물' 같았다.

강진을 떠나기 전날 아침에는 숙소 앞 도로를 따라서 동네 한 바퀴에 나섰다. 나비와 꽃들이 어찌나 많던지. 심지어 내 꽃무늬 바지에 날아와 앉았던 호랑나비를 보며 "내가 꽃인 걸 어찌 알고~!" 하고 웃었다. 파란 하늘 밑 햇빛 머금고 익어가던 벼들이 가득한 너른 들판을 보며 "서정적 느낌을 찾는 그대여~ 이곳에 오라!"고 소리치던 일이 떠오른다. 그 서정적 풍경 속을 걸어 농박으로 돌아오는 길에 "논둑 밭둑 지나서 옥수수밭 지나서, 오솔길을 지나면 한실 농박이 있네~" 하고 노래 부르며 깔깔 웃던 우리의 웃음소리가 나비처럼 하늘로 날아올랐다.

집 뒤 감 농장 한 켠에 주먹만 하게 열렸던 커다란 대추나무에서 대추를 4개, 딱 4개만 따먹었다고 고백하자 은숙 언니는 "아직 맛이 덜 들었지?" 하고 웃으시며 우리에게 군고구마와 삶은 밤을 한아름 안겨 주셨다. 식사 때마다 우리 곁에서 "뭣을 더 줄까? 뭣이 좋냐?" 하시며 어떤 날은 직접 손질해서 '겉바속촉'으로 구운 큼지막한 조기를 각 한 마리씩, 또 호박 썰어 넣고 시원하게 끓인 갈치찌개를 냄비째로 가져와 좋은 것 골라서 떠주시니 엄마 생각이 나서 울컥했다.

그간 우리가 여행지에서 먹은 밥 중에 이렇게 따뜻한 밥상이 있었을까? 아름다운 경치는 철 따라 바뀌지만 인정은 변함없이 넘치는 그곳. 친구야, 우리 또 강진 가자. 우리가 그곳에서 풀어내고 덜어 낸 그 자리에 자신들의 정을 겹겹이 풀어서 넘칠 만큼 채워 주시던, 내겐 그분들이 강진이야.

'몸도 마음도 확 푸소' 한 강진에서의 특별한 일주일

유소연 (우수상)

푸소 농가 정보
화담재,
바다가 보이는 집

작년 봄, 가족과 함께 강진군문화관광재단에서 운영하는 강진 푸소(FU-SO) 프로그램인 '강진에서 일주일 살기' 체험을 했다. 농가에서 현지인과 함께 생활하는 체류형 생활 관광프로그램으로, 당시 7~8살이 된 천방지축 두 아들에게 의미 있고 색다른 추억을 만들어 주고 싶었던 나의 눈길을 단번에 사로잡았다. 다양한 푸소 농가 중 달빛권역과 다산권역에 위치한 2곳을 선택했는데 각각 한옥과 어촌농가로 분위기가 완전히 상반된 숙소여서 일주일 동안 사는 재미도 제각각이었다.

상반된 매력의 푸소 농가, 일주일 사는 재미가 있다!

첫 번째 숙소, '화담재'는 월출산 아래 예쁜 한옥마을에 있어 찾아가는 길조차 힐링되었다. 5시간이 걸려 겨우 도착한 우리 가족은 허기를 느낄 새도 없이 주인 부부가 마련해 주는 푸짐한 한식 한 상을 대접받고 큰 감동을 받았다. 푸소 체험의 가장 큰 장점은 조식이었는데 사장님이 직접 키우신 신선한 채소를 포함해 매일 달라지는 건강한 한식을 먹으니 정말 행복했다. 뜨끈한 온돌방은 전날의 피로를 말끔히 해소해 주었고 아침마다 개운한 몸으로 월출산의 청아한 새소리를 들으며 기분 좋게 깰 수 있었다.

두 번째 숙소였던 어촌농가, '바다가 보이는 집'은 사장님 부부가 낙지잡이 배로 생업에 종사하고 있어 낙지탕탕이, 조갯

국, 다양한 생선 등 매일 싱싱한 해산물을 맛볼 수 있었다. 덕분에 낙지잡이 배에 몸을 싣고 바로 코앞에서 낙지를 잡는 생생한 현장도 체험하고, 갓 잡은 낙지와 게를 직접 만지고 관찰했다. 미끌거리는 촉감이 신기한지 시선을 떼지 못하는 두 아들의 모습은 나까지 집중하게 만들었다. 아이들에게 잊지 못할 추억을 선사해 준 사장님 부부에게 감사했다.

농가 체험했으면 이제 짐 풀고 역사 여행하러 가야지!

강진을 처음 방문했어도 명소를 기준으로 나눠진 5개의 권역을 보며 자신이 원하는 여행 코스를 짤 수 있다. 우선 달빛 권역인 화담재 근처 강진다원과 백운동 원림, 그리고 월남사지를 방문했다. 초록빛으로 끝없이 펼쳐진 강진다원에서 아이들이 뛰어노는 광경은 마치 동화 같았다. 다원 옆 숲길로 좀 더 들어간 곳에 자리한 호남의 3대 정원, 백운동 원림은 고즈넉한 분위기여서 들떠 있던 아이들도 차분해졌다. 이후 마을 방향으로 조금 내려오면 하멜권역이다. 이곳에는 국사책에서만 보았던 고려 시대 월남사지 삼층석탑이 월출산을 병풍 삼아 호기롭게

서 있는데, 설명글을 열심히 읽고 있는 두 아들을 보니 역사 공부가 따로 필요 없을 것 같았다.

한편 다산권역에는 다산 정약용이 강진에 유배되었을 때 머물던 다산초당과 주막집 사의재(영랑권역)가 있어 다녀왔다. 마침 사의재 저잣거리에서 전통 무예 체험 및 마당극 〈청자조작단〉이 열려 재밌게 관람하고 왔다. 다산의 청렴결백함과 기개가 전달되었는지 다산박물관 내 정약용 선생님의 조각상 앞에서 예의를 갖추고 절을 하는 첫째 아들의 의젓한 모습은 감동적이었다.

역사 여행이 지루하다고? 다양한 체험도 할 수 있어!

푸소 신청 시, 다양한 문화 혜택을 즐길 수 있는 회원카드를 발급받는데 아이가 있는 우리 가족으로서는 정말 좋았다. 고려청자박물관의 '나만의 청자 만들기'부터 한국민화뮤지엄에서 전문해설사의 설명을 듣고 민화 그리기도 할 수 있었다. 음악을 좋아하는 둘째 아들은 전남음악창작소에서 가수처럼 부스에서 노래 부르고 개인 음반을 제작해 본 특별한 경험이 가장 기억에 남는다고 했다. 또, '강진 GOOD 페스티벌' 미션 투어에 참여해 오감통을 더 재밌게 구경했는데 그중 극장통에서 사 먹어 본 강진책빵은 강진의 역사적 의미와 귀리, 녹차 등의 특산물을 잘 결합하여 만들었다는 생각이 들어 더 인상 깊었다.

오랜 역사와 아름다운 자연이 공존하는 강진에서 문화생활까지 즐기다 보면 "어때? 강진 재밌지?" 하고 도시 전체가 말을 걸어오는 듯하다. 특히 푸소 농가의 따뜻함은 자녀와 함께 여행하는 우리에게 큰 힘이 되었다. 이제 아이들은 강진 하면 다산 정약용을 떠올리고, 나는 지인들에게 강진 여행을 적극 추천한다. 특별한 여행을 하고 싶다면 당장 푸소(FU-SO) 신청하고 강진으로 떠나라고!

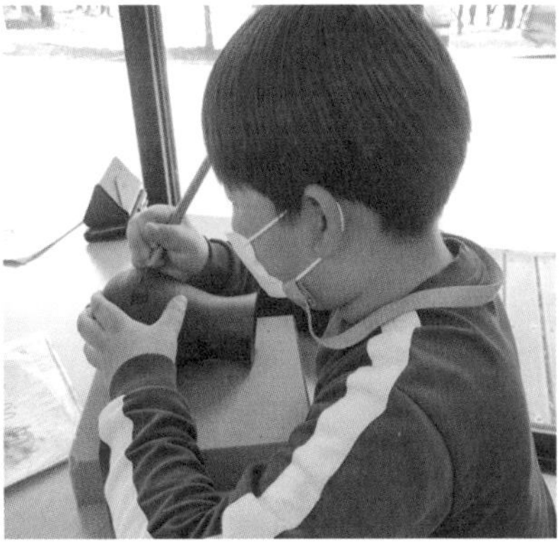

이토록 끌림, 강진

이정아 (우수상)

푸소 농가 정보
해로당, 내미농박

멀리 떨어져 사는 엄마에게서 걸려온 전화 한 통이 이 모든 것의 시작이었다.

"딸아, 잘 지내지? 엄마가 TV에서 봤는데, 강진에서 일주일 보내는 체험이 있대. 딸, 좀 쉬고 싶다고 했잖아. 신청해 봐."

수화기 너머로 들려오는 엄마의 안부. 서울의 빽빽한 빌딩 숲에서 아등바등하는 삶에 완전히 지쳤을 때였다. 그런데 그때만 해도 강진이 전라도 어딘가에 있는 작은 마을인가, 하며 갸우뚱했을 뿐이었다. '강진에서 일주일 살기' 체험에 홀딱 반해 두 번이나 전라남도 강진에 가게 될 줄은, 나 자신도 몰랐던 것이다.

2021년 6월, 달빛권역의 푸소 농가 '해로당'. 그날의 기억이 지금까지도 생생한 것은 주인집 내외와 도란도란 둘러앉아 먹은 푸짐한 아침 식사 때문이다. 빵과 커피 한잔으로 대충 한 끼 때우기 바빴던 도시의 삶과 선명하게 대비되는 날들이었다. 강진에서는 주인집 내외가 직접 재배한 채소로 만든 반찬과 육해공을 아우르는 요리가 매일같이 상다리가 부러지도록 차려졌다. 따로 맛집 탐방을 다닐 필요가 없었다.

다산 정약용이 18년 동안 유배 생활을 했던 탓에 강진 곳곳에 남은 그의 흔적도 매일 찾을 수 있었다. 특히 백운동 원림 뒤편 정선대로 발을 디뎠을 때는 감탄을 금치 못했다. 월출산 옥판봉과 함께 정원의 전체 모습이 파노라마처럼 펼쳐져 한눈에

담겼다. 200여 년 전, 백운동 안팎의 풍경을 「백운동 12경」으로 이름 지은 다산 정약용이 마음속 깊이 느꼈을 탄복이 내게도 울려 전해졌다.

강진 금릉경포대에서 시작해 '대한민국 3대 기악(奇嶽)'으로 꼽히는 월출산도 올랐다. 구름이 잔뜩 끼고 보슬비가 내리는 날이었다. 그러나 바람에 구름이 걷힌 순간, 언뜻언뜻 비치는 우뚝 솟은 봉우리가 때로는 비경으로, 또 한편으론 뭔가를 숨긴 비밀스러운 풍경으로 다가왔다. 두 눈을 감고 모든 공기를 집어삼킬 듯이 큰 숨을 들이켜니, 신비로운 산세의 정기가 몸 안으로 스며들었다.

강진 읍내로도 향해 보았다. 「돌담에 속삭이는 햇발」 등 영롱한 시를 남긴 시인, 영랑 김윤식의 생가와 오롯이 마주하기 위해서였다. 따사로운 볕이 드는 한낮의 돌담에 기대어 구름 몇 점 없이 둥실 떠가는 파란 하늘을 바라보며, 그렇게 고요하게 내 마음을 비웠다.

이듬해인 4월, 강진을 또 찾았다. 청자권역의 푸소 농가 '내미농박'. 소탈한 주인집 내외, 그리고 부부의 정 많은 고향 친구들과 마당에서 어우러져 즐긴 삼겹살 파티를 잊지 못할 것이다. 숯불에 고기 구워 먹으며 시시껄렁한 농담을 주고받던 그 날 저녁, 마음이 보드랍게 젖었다. 잿빛 서울에서는 사람들 틈에서도 외로웠는데, 강진에서는 입가에 웃음이 마를 새가 없었다.

강진읍 시장 인근의 음악 스튜디오 '전남음악창작소'도 찾았다. 나만의 음원을 만들어 준다는 체험 안내에 고민 없이 프로그램을 신청했다. 그런데 웬걸, 녹음실로 들어서니 코인노래방 같은 연습실 수준이 아니라 프로가 사용하는 장비가 갖춰져 있었다. MR에 맞춰 노래를 불러야 했다. 바짝 긴장했던 탓인지 평소 멀쩡하던 목이 갑자기 잠겼다. 황급히 물 한잔을 떠다 주며, 매니저를 자처한 남편의 다정한 모습을 발견하는 이례적인 순간이기도 했다.

강진에서 일주일 살기 체험을 두 번 한 뒤로는, 봄이 들 무렵마다 강진을 생각한다. 다산초당에서 백련사로 이어진 2㎞ 남짓한 오솔길이 스멀스멀 떠오르기 때문이다. 여행지를 추천해 달라는 지인들에게, 이른바 '초당 가는 길'을 망설임 없이 소개하며 꼭 덧붙인다.

"그 길 참 좋았지."

동백은 꽃잎이 전부 붙은 채로 한 송이씩 뚝 떨어진다. 꽃잎 흩날리는 다른 꽃과 달라도 한참 다르다. 그날 백련사 땅바닥은 온통 새빨갛게 밀려드는 파도처럼 보였다. 그래서 내게 강진은 융단처럼 깔린 붉은 동백과 닮아 있다. 마음 밑바닥부터 쌓은 강진의 기억이 몰려들기 시작하면, 나는 어느새 행복한 미소를 머금고 있다.

강진의 특별한 체험

이해묵 (우수상)

푸소 농가 정보
한실농박

평생을 수도권에서 살아온 내게는 먼 거리 때문에 아는 정보가 거의 없었던 '강진'. 하지만 강진에서 일주일 살기를 체험한 후 특별한 인연이 되어 2021년부터 올해까지 벌써 네 번째 만남을 이어왔다. 강진만 어귀의 마량항은 지리적 특성으로 제주에서 내륙까지 깊숙하게 연결되어 과거 제주산 말이 육지로 올 때 도착한 곳이기도 했다. 북쪽엔 월출산이 병풍을 치듯 우뚝 솟아 있어 산과 바다가 있는 포근한 지형의 읍내와 강진만 좌우의 풍요로운 자연환경. 조선 최고의 실학자 정약용이 18년간 유배 생활을 하며 약 600권의 저서를 펴내고 제자들을 기른 곳이자, 제주와 전라를 총괄하는 육군 총지휘부였던 전라병영성과 하멜 일행이 오랜 기간 지내던 흔적이 남아 있는 하멜 마을도 있다. 문화적으로도 시인 영랑생가와 모란공원, 청자박물관, 미술관 등 큰 도시에나 있을 법한 많은 시설이 있고, 역사적으로 수많은 인재와 상업을 통해 조선의 부호를 배출한 곳인데다 그 외 수많은 유적 또한 잘 정비되고 관리되고 있는 고장이다.

첫 강진 여행에는 다산초당 아래 한옥마을에서 일주일 살기를 했다. 대나무밭을 스치는 바람 소리가 고즈넉한 한옥에서 아침저녁으로 마주한 주인댁의 정성 어린 음식은 어떤 고급식당에서 먹는 비싼 음식보다도 맛있었고, 최상의 대접을 받는 느낌이었다. 그다음 해에는 친구와 함께 신전면 바닷가마을 댁에서 체류하며 갈대밭, 철새 등 강진만 일대를 사진으로 기록했다. 주인 부부의 배를 함께 타고 삶의 현장을 취재하는 촬영은 전에 없이 새로운 경험이었다. 세 번째는 군동면에 자리 잡은 드넓은 감나무 과수원 댁에 머물었다. 아쉽게도 감이 열리는 때는 아니었지만, 아침저녁으로 마당 너머의 멋진 고목들을 배경으로 해 뜨는 모습과 석양의 멋진 풍광을 촬영할 수 있어서 금상첨화였다. 후덕하신 주인아주머니의 정성 어린 아침 밥

상과 때마다 주시는 간식 등 부족함 없이 지냈다.

지난번엔 친구와 동행했지만, 올해는 집사람과 오기로 잔뜩 별러 두고 있었다. 경쟁 속에 어렵사리 신청하여 일주일을 머물게 된 곳이 바로 한실농박이었다. 한실농박의 바깥어른 박기재 선생은 타지에서 교직 생활 후 고향에 내려와 40여 년을 국어 선생님으로 계시다가 퇴직한 분이었다. 식사하며 간간이 나눈 격조 있는 대화가 너무나 좋았다. 마침 첫날밤에 주민들을 위한 박기재 선생의 한문강좌가 강진아트홀에서 열린다고 해서 참석했다. 덕분에 강진의 여러 마을지명과 역사에 대해 그분의 경험에 기반한 흥미로운 사실은 물론 한자 풀이들까지 시간 가는 줄 모르고 배울 수 있었다.

또 다른 어느 날에는 박 선생님이 손수 강진만의 해변로를 드라이브해 주고, 바닷가의 특색있는 낙지요리 식당에서 점심

식사를 함께했다. 식사비도 내 주시려 해서 극구 말리고는 남겨두었던 강진상품권으로 우리의 몫을 냈다. 식사 후 그분의 옛집이 있던 서문 인근 카페에서 마을에 얽힌 흥미로운 역사적인 사연들을 들으며 시간 가는 줄 모르게 보냈다. 그동안 여러 손님을 대하면서도 여행에 함께하신 것은 이번이 처음이라니 너무나도 영광이었다. 내게는 이미 4번째의 강진 체험이었기에 일반적인 관광보다도 선생님과 보낸 대화 시간이 더욱 유익했으며 특히 역사와 배움을 좋아하는 집사람은 선생님의 팬이 되어 있었다.

드디어 떠나기 전날, 주인아주머니가 내어 주신 저녁 식사를 마치고 별채 숙소에 돌아와 쉬고 있을 때 밖에서 박 선생님의 다급하신 목소리가 들려 나가 보았다. 마당에 갑자기 119 구급차와 구조대원들이 들것을 들고 와 있는 것이 아닌가. 아주머니께서 사고를 당하신 것이었다. 다음 날 떠날 우리를 위한 식재료 준비 겸 여러 가지 농가 일을 하려고 해가 저물었음에도 밭에 나가셨다가 넘어졌다고 한다. 그 바람에 인공관절 수술을 한 무릎 위 뼈가 골절되었던 것이다.

그날 밤 주인아주머니는 강진의료원을 거쳐 광주의 큰 병원으로 이송되었다. 우리를 위해 일하느라 벌어진 사고라 생각하니 도저히 잠들 수가 없었다. 다음 날 새벽, 구급차에 동행하셨던 박 선생님께서 광주에서 첫차를 타고 집으로 오신다는 전화를 듣고 기다렸다가 선생님을 만났다. 그날 통화로만 만날 수 있던 아주머니의 목소리는 평소와 별다름 없었다. 오히려 우리의 아침 식사 등을 걱정하며 마무리를 못 해 줘서 미안해 하시는 것이었다. 부디 빠른 시일 내 후유증 없이 회복되셔 평소의 일상을 영위하시기를 진심으로 바란다.

PART 2

강진에서 일주일 살기 스토리

장려상

한적한 강진, 오히려 좋아

고은비

푸소 농가 정보
메뚜기 펜션,
호수가 보이는 집

우연히 접하게 된 푸소 농가 프로그램은 내겐 '단비' 같은 좋은 기회였다. 요즘같이 MBTI로 성향이 확연히 나뉘는 시대에 나처럼 내향적인 'I' 성향의 사람들이 한적하고 살기 좋은 도시를 만나기란 참으로 어려웠는데, 강진 푸소를 알게 되고 볼수록 마음에 안정감이 쏙 드는 숙소, 독채 형식의 숙소를 만난 것이다.

첫 번째 숙소 '메뚜기 펜션'

마을 어귀를 들어서는 순간부터 이미 정겨운 풍경과 정이 가득한 사람 냄새가 확 느껴졌다. 덕분에 푸소 숙소로 빨리 가고 싶은 생각뿐이었다. 숙소에 도착해 주인 어르신 두 분을 뵈니 그제야 정말로 강진에서 일주일 살기 프로젝트를 한다는 게 실감 났다. 처음 접하는 형식의 프로그램이다 보니 조금 걱정되었던 것은 사실이지만, 그곳에 살고 계신 어르신들께 피해가 되진 않을까 하는 걱정이 더 컸던 것 같다. 하지만 푸근한 인상으로 저희를 따듯하게 맞아 주시는 어르신들을 뵈니 일반 펜션 주인분들과 다른 '이게 바로 푸소의 매력인가?' 하는 생각이 들었다. 주변은 오로지 숙소에만 집중할 수 있도록 한적했고, 또한 자연의 볼거리들이 아주 많았다. 주위도 깔끔히 정돈되어 있었고, 건물 역시 신식으로 지어진 집이어서 괜스레 마음이 편안했던 게 아닐까? 또한 주인분들과 겹치는 동선이 없게끔 되어 있는 구조 덕분에 더욱더 사용하기 편했다. 특히 푸소의 필수 코스인 '따뜻한 밥 한 끼 제공'은 정말 너무 좋았다. 어릴 적 할머니 댁에서 밥을 먹던 기분이 들어 더 맛있게 느껴졌던 것 같다.

두 번째 숙소 '호수가 보이는 집'

역시나 푸소의 매력인 어르신분들 덕분에 잊을 수 없는 또 하나의 숙소가 된 '호수가 보이는 집'. 호수집의 깔끔한 시설과 드넓은 호수 풍경, 맛있는 강진의 한 끼 식사는 아직도 기억 속에 맴돌고 있다. 나를 딸처럼 여겨 주시며 불편하지 않게 지내다 갈 수 있도록 해주시던 모습에 '다시 한번 푸소 체험을 하고 싶다'라는 생각이 든다. 그저 잠시 들렀다 가는 여행객이 아닌 가족처럼 대해 주시고 좋은 기억만 주셨던 푸소의 어르신분들 덕분에 한적했던 숙소는 더욱 따뜻해지고 행복이 가득했던 장소가 되었다.

더불어 '고려청자 만들기'라는 뜻깊은 체험도 할 수 있었다. 푸소 농가 자체도 정말 좋았지만 이렇게 지역을 대표하는 문화 체험의 기회가 콜라보되어 있어서 더할 나위 없이 좋았다. 고려청자 만들기 체험을 하기 위해서는 '고려청자박물관'으로 향해야 하는데, 가는 내내 안내가 잘 되어 있어 내비게이션이 필요하지 않을 만큼 길 찾기가 매우 쉬웠다. 도착해 보니 넓은 주차장과 카페가 있었고, 조금 돌아다녀 보니 큰 박물관이 눈에 띄었다. 서울에 있는 여러 박물관을 다녀 보았지만 이토록 진귀하고 기품 있는 우리나라의 청자들이 강진에 있었다니 정말 놀라운 일이다. 그동안 알지 못했던 고려청자의 이야기와 멋진 문양이 깃든 청자들을 직접 눈으로 보니 우리의 문화재를 잘 지켜내 주신 분들에게 감사한 마

음과 괜스레 뿌듯한 기분이 들었다.

고려청자 만들기 체험관의 내부는 널찍해서 많은 여행객과 체험단들을 수용할 수 있어 매우 유용했다. 만들기에 재주가 없는 나는 한편으로 주어진 귀한 기회를 허투루 쓸까 걱정이었는데 가르쳐 주시는 분께서 친절하게도 쉽게 만들 수 있도록 도와주셔서 마음이 편해졌다. 남녀노소 불문하고, 아이들까지 모두 청자 만들기 체험은 매우 쉽고 유익한 시간일 거라 확신이 들었다.

세상에서 하나밖에 없는 나만의 청자를 만들려고 하니 어떤 것들을 새겨넣으면 좋을지 많이 고민하다가, 강진을 다니면서 눈에 띄게 잘 보이던 '돼지'를 그려 넣고 싶어졌다. 잘하진 못하지만 내가 만든 고려청자 그릇이라 생각하니 꽤나 소중한 마음이 들었다.

만들 때는 찰흙 같았던 나의 청자 그릇이 3개월 뒤에 고려청자의 모습으로 배송된다니 매우 기대되었다. 3개월 뒤 배송되어 찾아온 나의 고려청자 그릇은 정말 내가 만든 게 이렇게 예쁜 청자로 구워져서 왔다는 게 믿기지 않을 정도였다. 그만큼 무척이나 뿌듯했던 경험이었다. 아직까지도 청자 그릇은 잘 쓰고 있는데, 볼 때마다 강진을 떠올리게 해주는 것 같다.

강진에서 일주일 살기 체험에서 푸소 농가라는 좋은 숙소와 전라도의 맛이 가득한 맛있는 식사까지 정말 알차다는 생각이 들었는데, 고려청자 만들기 체험, 가우도 짚트랙 체험, 민화 관람, 개인 음반 만들기 체험까지 경험하게 만들어 주시니 '강진'이라는 도시를 아직도 잊지 못하겠다. 아마 앞으로도 잊지 못할 특별한 경험이 될 것이다.

강진 다이어리

구자영

푸소 농가 정보
해로당, 온새미로

2022.05.16. 월, 강진 1일차 _ 강진에서 일주일 살기 시작

먼 길을 달려 드디어 강진에 왔다. 월출산이 보이는 달빛한 옥마을 해로당이 우리의 첫 숙소다. 주인아주머니께서 차려주신 맛있는 저녁(보쌈과 쑥전에 막걸리까지)을 먹고 저녁 산책을 다녀왔다. 한옥마을을 구경하고 녹차 밭도 걸었다. 마을 전체에 개구리 소리가 가득하다. 상쾌한 봄밤. 덧문만 열면 달과 별이 보이고 맑은 밤공기가 상쾌한 조용한 마을이 참 좋다.

2022.05.17. 화, 강진 2일차 _ 강진 탐방

강진에서 맞이하는 첫날 아침. 한 상 가득 차려주신 아침을 먹고 월출산을 보며 툇마루에서 마시는 연잎 차 한잔. 첫 코스로 무위사를 찾았다. 불두화가 만발한 아름다운 절을 천천히 거닌다. 우리뿐이다. 평온하고 좋다. 다음으로 영랑생가를 찾았다. 2012년 5월 이후 딱 십 년 만에 다시 찾아온 영랑생가. 오늘은 사람도 없고 우리는 푸소(Feeling Up Stress Off) 중이니까 커피 한잔 들고 바람 시원한 툇마루에 오래 앉아 책을 읽었다. 이러려고 먼 강진까지 온 거다. 사의재도 찾았다. 사의재를 찾은 제일 큰 이유는 동문주막에서의 한 끼 식사 때문이다. 정약용 선생님도 즐기셨다는 아욱국은 인생 최고의 아욱국이었고 바지락전도 맛있었다. 사의재에 담긴 다산 선생님의 네 가지 가르침(맑은 생각, 엄숙한 용모, 과묵한 말씨, 신중한 행동)

도 잘 간직하며 살겠다고 다짐했다.

2022.05.18. 수, 강진 3일차 _ 월출산 정상 천황봉에 오르다

강진에 온 첫날부터 감탄하며 늘 바라보던 월출산. 힘겹게 그 정상에 올랐다. 덕분에 걸을 때마다 에구에구 곡소리를 내고 있지만 너무나 뿌듯해 널리 알리고 싶을 정도다. 오늘은 산을 좋아하는 많은 사람을 만나 더욱더 맘이 흐뭇하다. 특히 차 반대 방향으로 잘못 내려온 우리를 기꺼이 차가 세워져 있는 곳까지 데려다준 그분의 도움이 없었다면… 선하고 멋진 분들 덕분에 우리의 하루가 더 빛났다.

2022.05.19. 목, 강진 4일차 _ 두 번째 숙소로 이사

달빛 마을 해로당에서의 마지막 아침 식사와 티 타임. 떠나려 하니 벌써 그리운 듯했다. 백운동 별서 정원은 남도의 삼대 정원 중 하나라더니 자연스럽고 수수해서 참 좋다. 야생 엉겅

퀴의 고운 빛깔에 맘을 빼앗겼다. 바람 부는 날의 전라병영성지 산책도 좋았고 자기만의 공간을 돌담으로 쌓아놓고 사는 한골목길 산책을 마치고 두 번째 숙소 온새미로로 향했다. 무엇이 나를 이 외진 산골 마을 예쁜 집으로 이끌었을까? 사람의 일은 알 수 없는 일. 어쨌든 앞으로의 삶이, 그리고 여행이 나를 좋은 곳으로 데려다주리라.

2022.05.20. 금, 강진 5일차 _ 가우도와 다산초당 나들이

너무나도 아름다운 섬 가우도. 모노레일도 타고, 멋진 바닷가 둘레길을 걷고 파도 소리 들으며 산낙지와 파전도 먹고 날씨마저 우리의 산책길을 응원해 주는 듯해 좋았다. 다음으로 찾은 곳은 다산초당이다. 초당 옆 연못을 바라보는 시선에서 적적하고 외로웠을 다산의 마음이 헤아려져 애잔하다. 다산과 혜장이 서로를 만나기 위해 오고 갔다는 백련사 가는 길을 내 오랜 친구와 함께 걸었다.

2022.05.21. 토, 강진 6일차 _ 백운차실에서 차 한잔

오늘은 강진 읍내로 나들이를 나갔다. 기념품으로 강진 책방의 빵도 사고 옥이네 칼국수에서 칼국수와 콩국수를 먹었다. 그리고 차의 고장에 와서 차 한잔하지 않고 가는 것은 예의가 아니므로 한옥마을 근처에 있는 백운차실에 가서 차를 마셨다. 예쁘고 향긋한 차 한잔을 마주하고 앉으니 참 좋다. 며칠 만에 다시 마주하는 월출산도 반갑다. 며칠 살았다고 동네 곳곳이 정겹다.

2022.05.22. 일, 강진 7일차 _ 이제 집으로

두 번째 우리 집 온새미로. 이곳의 맑은 공기, 툇마루에 앉아

해 지는 풍경을 보고 차도 마시고, 책도 읽던 일, 아기자기 예쁜 꽃들을 바라보던 일이 많이 생각나고 그리울 거다. 농사일로 바쁘신지 새벽부터 일을 나가시는 주인 부부. 바쁘고 고단한 일상을 살면서도 곳곳에 이리 예쁘게 꽃을 피워 놓으셨다. 작은 풀꽃 한 포기 한 포기 소중히 키우고 돌보는 모습을 보니 이곳에 사는 이들은 분명 마음결 고운 사람들이리라. 따뜻한 마음을 안고 이제 집으로 향했다.

여행 후기

강진에서 돌아온 이후 강진에서의 추억에 많이 잠기게 되고 자꾸만 사진들을 보게 된다. 정말 달다는 말이 실감 나는 공기와 바람, 고개만 들면 보이던 웅장한 바위산들, 매일 피고 지는 많은 꽃들, 귀하게 준비해 주셨던 음식과 제철 식재료로 우리의 여행을 응원해 주던 밥상들, 우리의 여행에 들어와 준 따뜻한 사람들, 그리고 여유롭고 한가하게 즐긴 많은 장소와 여행 중 읽은 책들. 두고두고 기억될 참 좋은 여행이었다.

달빛한옥마을(너와 나의 둥지), 사랑에 빠지다

권현희

푸소 농가 정보
너와 나의 둥지

12월, 아들이 내 생일을 맞이하여 3박 4일 숙소를 예약했다는 이야기만 듣고 강진 여행을 계획하게 되었다. 엄마 생일을 생각해서 여행을 준비했다고 하니 대견하면서 참 고마웠다. 9월에 일주일 살기를 한번 체험해서 어느 정도는 알고 있었지만, 숙소마다 색다른 점이 강진에서 일주일 살기의 매력인 거 같다.

2시간을 차량으로 이동해 '너와 나의 둥지'라는 숙소에 도착했다. 임정심 사장님께서 반갑게 맞이해 주셨다. 무와 연잎을 함께 넣고 끓인 차와 샤인머스캣, 한과자로 구성된 웰컴 음식으로 우리를 대접해 주셨다. 따스함과 사랑으로 여행의 시작을 느낄 수 있어서 이번 여행이 더더욱 기대되었다. 저녁 식사도 갈비찜으로 융숭하게 식사를 준비해 주셨는데 정말 몸 둘 바를 몰랐다. 아들이 편하게 식사할 수 있게 손주 밥도 먹여 주셨다. 밥만 편하게 먹어도 여행이 즐거운데 사장님에게도 손주가 다섯 있다며, 우리 손주까지 봐주시는 귀한 마음에 더욱 감동할 수밖에 없었다.

별채로 구성된 숙소에 구들장의 온기가 더해져 내 집처럼 편안하게 하루의 피로를 풀고 숙면을 취했다. 둘째 날 식사도 정말 놀라웠다. 병어구이를 준비해 주셨는데 아이를 위해 가시가 적은 생선으로 구우셨다고 한다. 직접 만들었다는 샐러드에는 오일을 사용하지 않고, 유자청과 불가리스 등 색다른 재료가 어우러져 지금까지 먹은 샐러드 중에 가장 맛있었다. 둘째 날 식사에서 압권은 미역국이었다. 보통 식사를 준비하실 때 집에서 자주 먹는 국은 제외한다고 했는데, 전날 아들이 지나가는 말로 엄마 생신이라 여행하러 왔다는 이야기를 기억하시고 미역국을 준비해 준 것이었다. 세심한 배려와 사랑으로 이번 생일이 더욱 의미가 깊고 따뜻하게 느껴졌다. 다정한 사람들과 따뜻한 밥상에 정말 감동하지 않을 수 없었다.

든든하게 식사를 하고 40분 거리의 목포에서 하루 일정을 보냈다. 〈서울의 봄〉이라는 영화를 보고 오후에는 목포 해상 케이블카를 타고 재미있는 시간을 보냈다. 강진에서 일주일 살기를 하면 또 좋은 점이 강진 옆 멋진 곳들도 금방 갈 수 있다는 것이다. 강진이라는 지역의 접근성이 참 좋다. 우리가 다녀온 목포뿐만 아니라 영암, 해남, 완도, 장흥 같은 전라남도 다른 지역도 관광하기 편리한 위치라는 것이 강진의 장점이다. 둘째 날 저녁도 어김없이 고구마와 땅콩, 따뜻한 차를 숙소에 준비해 두셔서 하루를 잘 마무리할 수 있었다.

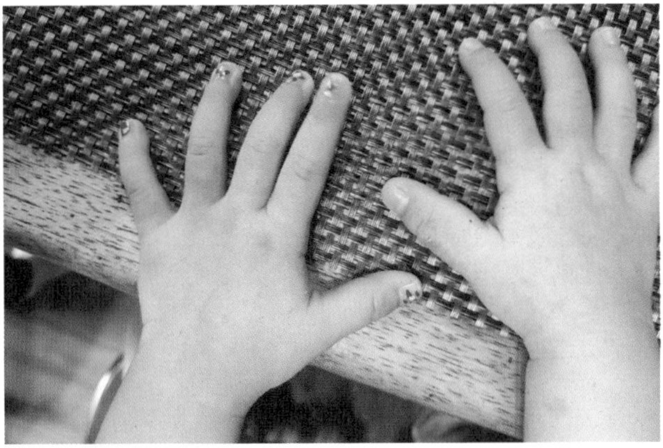

셋째 날 아침, 굴떡국으로 하루를 시작했다. 굴과 떡국의 처음 보는 조합이 신선했는데 맛도 일품이었다. 손녀가 임정심 사장님 손을 첫날부터 유심히 봤는데 왜 그런가 했더니 손에 그려진 매니큐어를 보고 신기해 했던 것이다. 사장님이 그런 손주를 보더니 식사가 끝난 후 고민 없이 손녀의 고사리 같은 손톱에 귀여운 매니큐어를 칠해 주셨다. 사랑의 마음이 없다면 이러한 특별한 대접을 할 수 있을까? 단순한 숙박객이 아닌 정말 손주처럼 대해 주시는 모습에서 베풂의 미를 더욱 느꼈다. 셋째 날 첫 번째 여정은 가우도였다. 아들은 9월에 봤던 가우도의 마스코트인 강아지 '장금이'를 딸에게 보여주기로 약속했다고, 꼭 가봐야 한다고 했다. 이번에도 가오리빵을 맛있게 먹는 장금이를 보며 나도 가슴이 따스해졌다. 장금이가 우리를 반가워해

주니 더더욱 가우도가 좋아졌다.

아침 식사가 정말 맛있어서 많이 먹었더니 점심때 밥을 먹지 않아도 여행하는 데 지장이 없었다. 숙소 근처 무위사도 방문했다. 차에서 내리자마자 고즈넉한 분위기에 압도되고, 무위사 뒤편의 자연과 함께하는 산책길에서 더욱 힐링을 체험했다. 월남사지 터도 방문했는데 복원 중인지 공사를 하고 있었다. 절터 뒤에 있는 월출산의 정기가 우리를 맞이했고 뻥 뚫린 절경이 나의 가슴 속까지 시원하게 했다. 이후에는 하멜기념관을 다녀온 후 병영 맛집 설성식당에서 불고기구이를 먹었다.

사장님께서는 마지막 날까지도 아드님이 좋아한다는 오리탕을 우리에게 내어주시고, 가는 길에 먹으라며 곶감까지 손에 쥐여 주셨다. 여행의 시작부터 끝까지 사랑 가득한 시간을 보낼 수 있어서 감사했다. 생활 관광의 메카 강진에서 일주일 살기를 안 해 본 사람은 있어도 한 번만 하는 사람은 없을 거라는 생각이 들었다. 사람 사는 냄새, 정과 사랑이 가득한 강진 여행은 이제 내년부터 나의 새해 소원 중 하나로 자리 잡을 것이다. 많은 사람이 더욱 활발히 강진을 방문해서 따스한 사랑도 체험하고 힐링하면서 일상으로 돌아가기를 바라며 후기를 마무리하고자 한다.

쉼과 자유, 진정한 행복

김선화

푸소 농가 정보
청향채

결혼을 하고 가정을 이룬 뒤 여행을 하노라면 쭉 아이들과 함께였다. 아기 오리같이 졸졸 따라오는 모습이 얼마나 귀엽던지. 하지만 그런 시절은 눈 깜빡할 새에 지나가고 어느새 보니 아이들은 친구들과 함께 보내는 시간을 더 즐거워하는 MZ 세대가 되어 있더라. MZ의 엄마답게, 쿨하게, 이번 여행은 남편과 둘이 떠나 보기로 했다. 애들 취향 고려할 필요 없이 우리 부부의 온전한 취향이 담긴 여행으로 말이다. 400km가 넘는 거리를 5시간 정도 차로 달려 강진군 도암마을에 도착했다.

마을 입구에 들어서자 노란 은행나무들이 힘차게 반겨 주었다. 삭막하던 회색빛 도시에서 색을 잃어버렸던 나의 마음이 은행나무 잎처럼 밝게 물드는 듯했다. 도암마을은 만덕산에 포근하게 안겨 있는 모양의 아늑하고 조용한 마을이다. 우리 부부의 힐링 장소로 더할 나위 없이 완벽했다. 7일이 아니라 7년은 머물고 싶은 공간이었다. 우리가 지낼 '청향채'는 정갈한 멋이 흐르는 고즈넉한 한옥이다. 집주인분이 집을 닮으신 건지, 집이 주인을 닮은 건지 정갈하고 따스한 청향채의 안주인과 직접 청향채를 만드셨다는 바깥어른의 환영을 받으며 본격적으로 일주일의 시곗바늘이 움직이기 시작했다.

청향채에는 귀여운 두 마리의 강아지가 있다. 초면엔 그리도 짖어대더니 새소리에 깬 아침엔 토방에 앉아 있는 내게 다가와 친한 척 안겨왔다. 함께할 일주일을 잘 지내 보자는 인사처럼 느껴졌다. 먼저 조선 시대 실학자 정약용의 유배지로 유명한 다산초당을 가보기로 했다. 마을과도 뚝 떨어진 산기슭의 처갓집에서 운신하라는 벌을 받은 게 안 되었단 생각이 들면서도 축축한 흙내음이나 나무 냄새, 풀 냄새를 맡다 보니 현실을 뒤로하고 이곳에 도망쳐 오고 싶단 마음이 들기도 했다.

땅에 떨어져 있는 수북한 도토리를 보며 '도토리 한 알을 입에 넣으면 다람쥐로 변해서 이곳에 살 수 있지 않을까?' 하는 유치한 공상과 함께 숲길을 걸었다. 만덕산에 올라 마을을 내려다보니 바다와 강진이 한눈에 보이는 장관을 마주할 수 있었다. 늘 시야가 좁은 나는 이렇게 위에서 내려다볼 때 깨닫게 되는 것이 참 많다. 바로 눈앞에 일어나는 일에 아등바등 허겁지겁하다가도 멀리 내다본 후 생각을 정리할 때의 느낌. 등산 후 산 정상에서 맞는 기분과 같다. 가우도에서 갯벌을 물들이는

금빛 낙조를 바라보며 지는 해를 아쉬워했다. 하루를 정리하고 지나온 날들을 생각하며 바쁜 일상에서 지쳤던 마음을 치유했다.

걷는 즐거움 못지않게 자전거 타는 즐거움도 크다는 사실을 사람들은 알까? 걷기에는 멀고 차로는 가지 못하는 길. 조금은 투박한 길도 자전거는 용감하게 헤쳐나간다. 우리 부부는 강진 해변 도로를 자전거로 달려 보았다. 이 기분은 자전거 아니면 느낄 수 없는 기분일 것이다. 두 발로 페달을 굴려 가며 바다의 시원함을 온몸으로 느끼는 기분. 스스로의 길을 개척하는 느낌이다.

강진 도암마을은 가까이에 산이 있어 언제든 오를 수 있고, 인근에 바다가 있어 강태공의 멋을 느낄 수 있으며 한국인에게 가장 중요한 맛집이 많아 참 살기 좋은 곳이다. 특히 설성식당의 수십 가지 반찬과 불맛이 일품인 고기는 이 글을 작성하면서도 다시 맛보고 싶어 군침이 돈다. 고려청자의 고장답게 도자기 체험도 할 수 있어 가족들이 사용할 컵을 만들어 보았다. 쫓기듯 살다 이렇게 느긋한 여유를 즐기니 마음에도 평화가 깃든 것 같다. 이는 지표로도 알 수 있었다. 스트레스 지수 검사가 첫날보다 대폭 하락했기 때문이다. 힐링 푸소 체험을 모두에게 추천하고 싶다.

일주일간 편하게 쉴 수 있는 숙소를 내어주고 어느 맛집보다 잊을 수 없이 맛났던, 그리운 엄마의 향이 느껴지는 집밥 같은 아침을 지어주신 여사님과 강진군에게 감사드린다. 강진에서의 동화 같은 이야기를 들려주니 딸들도 오고 싶단다. 넷이 다시 찾을 강진을 그려보며 글을 마친다.

강진에 다녀온 후 삶의 이정표를 찾았네

김승진

푸소 농가 정보
초당골한옥, 청향채

내가 강진을 마음속에 두게 된 계기는 유홍준 교수님의『나의 문화유산답사기』첫 번째 장에 강진이 남도 답사 1번지로 선정된 것을 보고 나서부터다. 강진에서 일주일 살기를 계기로 방문하기까지 어언 30여 년이 훌쩍 지났다. 강진 하면 떠오르는 것은 다산 정약용, 영랑생가, 백련사, 마량미항, 강진다원, 백운동 원림, 무위사, 한정식 등 수없이 많지만 수도권에서 가깝지 않다는 이유로 선뜻 발걸음이 떨어지지 않았다.

은퇴 후 헛헛한 기분을 핑계 삼아 여행을 계획하던 중 '강진에서 일주일 살기' 프로그램을 알게 되어 집사람과 강진을 방문했고, 전국 어느 지역보다 눈이 편안해지는 풍광과 넉넉한 인심, 맛있는 먹거리에 흠뻑 빠지게 되었다. 그중에서도 해 질 녘 방문한 '사의재'에서 지난 30여 년간 바쁘게 살아오면서 잊고 있었던, 어쩌면 비겁하게도 순간순간 피하고 싶었던 생각이 번쩍 들었다. 사학죄인을 받아 주면 가만두지 않겠다는 강진 현감의 엄명에도 유배 온 귀양객을 가련히 여겨 돌봐 준 오두막 노파의 기개와 인간으로서의 정이 면면히 흐르는 곳. 강진 사의재에서 오랜 생각에 잠겼다.

주막 할머니의 '어찌 그냥 헛되이 사시려 하는가?'라는 얘기에 다산 선생께서도 주저앉고 싶은 몸을 추스르고, 초라한 골방이지만 네 가지(생각과 용모, 언어와 행동)를 올바로 하는 자가 거처하는 곳이라고 스스로 다짐하며 제자들을 가르치는 데 열정을 쏟았다고 한다. 강진 여행을 계기로 인생 2막 앞에서 거창한 계획을 세우기보다는 '생각을 맑고 바르게 하고, 용모를 단정히 하며, 말은 신중히 적게 하고 행동을 더욱 반듯하고 무겁게' 하는 데에서부터 시작해야겠다는 생각이 저절로 들었다.

급변하는 시대, 물질 만능의 세상 속에서 가족 특히 자라나는 자녀들의 손을 잡고 아름다운 강진을 찾아 스스로 인간 본연의 멋진 모습을 되새기는 계기를 마주하길 바란다. 단언컨대 강진 땅 곳곳에는 인간으로서의 정이 면면히 녹아 있다. 매일 아침, 푸소 농가에서 정성을 담아 차려주신 아침 식사는 단순한 음식이 아닌 우리 땅 강진에서 건강하게 자란 보약을 대접받는 기분을 느끼게 해 주었다. 주인장님의 상차림에서 '어찌 그냥 헛되이 사시려 하는가?'라는 사의재 주막 노파의 중얼거림이 느껴졌다.

강진의 멋과 맛에 취하다

김애숙

푸소 농가 정보
푸른 꿈나무의 집

강진에서 일주일 살기를 신청하다

무더운 초여름과 장마철 지친 심신을 힐링하며 편안하게 며칠 쉴 수 있는 아늑하고 한적한 곳이 어디일까? 인터넷으로 여기저기 알아보다 '강진에서 일주일 살기' 프로그램을 접했다. 강진에서 일주일 살기 홈페이지에 들어가 '푸소'를 검색하여 농촌 민가를 고르고 예약했다. 푸소(FU-SO)는 'Feeling Up, Stress Off'의 줄임말로 전라도 사투리로 덜어낸다는 의미의 '맘확 푸소'라는 말에서 착안해 지어진 이름이라고 한다. 이름도 재미있지만 슬로건처럼 강진 농가에서 일주일 동안 체류하면서 자체에서 진행하는 체험활동에도 참여하고, 강진의 문화, 역사, 관광 등 본인들이 원하는 곳을 탐방하며 보고 즐기는 다양한 생활 관광프로그램이다. 이와 같은 프로그램을 통하여 감성은 올리고, 스트레스는 확 날린다는 의미를 담고 있다고 한다.

추억을 남긴 잊을 수 없는 명소

일주일 살기 첫날 숙소 들어가기 전 숙소 근처 만덕산에 있는 백련사를 찾았다. 백련사는 차와 동백이 아름다운 사찰로서 야생 차(茶)밭이 있어서 '다산'이라고 하는데 정약용 선생이 이곳으로 유배 와서 지냈다는 의미로 정약용 선생의 호를 다산이라고 지었다는 것이다. 일주문으로 들어가 동백나무숲의 산책길을 걷는데 양옆에 있는 울창한 동백나무는 내 고향 충남 서천 동백정의 동백나무와는 비교가 안 될 정도의 고목이었다. 동백림의 울창함과 짙은 녹음의 자태에 시선을 빼앗기며 더위를 잊은 채 천 개의 불상이 모셔져 있다는 천불전과 국가 보물인 대웅보전을 관람하고 돌계단으로 천천히 내려와 40여 분을 걸어서 다산초당으로 향했다. 실학자 정약용(丁若鏞)이 18년의 유배 생활 중 10년을 이곳에서 보내면서 후학양성에 힘쓰고 『목민심서』 등 많은 책을 집필했다고 전해진다. '茶山艸堂'이라는 현판은 추사 김정희(金正喜)의 글씨라고 한다. 백련사에서부터 다산초당까지의 산책길에는 작은 계곡이 흐르는 맑은 물소리와 새들의 환영 노랫소리가 비 온 뒤의 맑은 하늘과 함께 어우러져 싱그러웠다. 그 상쾌함으로 서울에서부터 먼 길을 달려온 피로감을 깨끗이 씻을 수 있었다.

둘째 날 강진 병영시장에 있는 '불금불파'를 찾아갔다. 불금불파는 병영면 돼지불고기 거리의 '불타는 금요일 불고기 파티'라고 한다. 양념한 고기를 연탄불의 석쇠에 올려 불 향을 입혀 구워 먹는데 재료나 양념은 조금씩 달라도 옛날 추억이 담긴 바로 그 맛임이 틀림없었다. 농촌의 로컬재료에 새마을부녀회원들의 푸짐한 상차림 그리고 작은 무대에는 노래와 공연으로 흥을 돋우며 주변에는 할머니 장터와 농부장터 등도 마련되어 있었고, 관광객과 많은 외국인 등 100여 명이 모여 모두가 함께 어울려 시끌벅적, 마치 내외국민간 화합의 한마당 같았다. 나도 남편과 함께 돼지불고기에 강진 막걸리를 한잔 기울이며 생면부지인 옆 사람들과 마냥 웃고 즐겼다. 조용한 농촌의 여름날 초저녁 모두가 함께할 수 있어 너무 즐거웠다.

넷째 날 여름철 장마답게 비가 내리다 그치기를 반복하고 있었다. 굵은 빗속에 우산을 쓰고 다산다리를 건너 '가고 싶은 섬' 가우도를 찾았다. 가우도(駕牛島)의 유래는 섬의 모양이 소의

멍에에 해당된다 하여 이름 붙었다고 한다. 가우도 해안선을 따라 조성된 '함께해(海)길'은 산과 바다를 감상하며 조용히 사색하기에 좋은 둘레길인 것 같았다. 해안 중간쯤에 있는 포토존인 시인 김영랑 동상과 함께 기념사진을 한 장 찍고 섬 정상에 있는 청자 모형의 청자타워 전망대에 올라 아름다운 산과 바다의 풍광을 감상하고 내려왔다. 은은하게 풍겨오는 피톤치드 향을 맡으며 털 머위와 가우라 꽃들, 바닷바람과 잔잔한 파도 소리. 이 모든 것과 하나 되어 남편의 손을 잡고 산책로를 걸었다. 오랜만에 남편과 손잡고 걸으며 사랑을 초월해 서로를 위한 미래의 설계를 속삭이는 진솔하고 값진 대화를 나누었다.

일주일 살기를 마치며

강진에서 일주일을 사는 동안, 우리가 머물던 숙소는 '푸른 꿈나무의 집'이었다. 관광할 명소의 위치를 고려해서 숙소를 선정했는데 깔끔하고 정갈한 농가 주택의 별채이다. 주인 내외분의 인상도 좋고 반갑게 환영해 주신 덕분에 꼭 친정집에 온 듯 편안한 느낌이었다. 정성 가득한 음식과 배려 속에서 6박 7일을 마치고 나오는 날, 같은 집에 산 지 며칠이나 되었다고 숙소 안주인과의 헤어짐이 그리움으로 가슴 깊이 새겨졌다.

강진을 만나서 사의재, 영랑생가, 월출산, 무위사, 마량 놀토수산시장, 청자 빚기 체험 등 여러 곳의 관광을 마치고 느낀 점이 있다. 첫째, '강진과의 만남이 20~30년 전인 40~50대에 만났더라면 내 인생의 많은 변화가 일어났을 것이다'라는 생각이 들었고, 둘째, 강진의 맛과 멋에도 흔들렸지만, 강진사람들의 인정과 인향, 인품에 더 크게 흔들림이 있었음을 느꼈다.

또 다른 고향, 또 다른 할머니

김우찬

푸소 농가 정보
명선하우스

전남 강진 푸소 체험을 알게 된 것은 우연한 기회였다. 약 열흘간의 휴가 일정을 가족들과 어디에서 보낼까 고민하던 중 우연찮게 〈동네 한 바퀴〉 프로그램을 시청하게 되었다. 그런데 거기에서 나온 강진 푸소 체험을 보고 흥미가 생겼다. '생소한 곳에서 일주일 살아보는 것도 나쁘지 않겠는걸'이라는 생각에 바로 프로그램 예약을 했다.

전혀 예상하지 못했던 지역에서의 일주일 살기는 기대 이상이었다. 의외로 다채로운 프로그램에 우선 놀랐다. 가족들과 녹음 부스에 들어가서 헤드셋을 하고 노래를 부른 경험은 신선했다. 고려청자박물관에서 체험 이후에 택배로 받은 도자기는 지금도 잘 사용하고 있다. 또한 한국민화뮤지엄에서 네 식구가 각자 만든 쿠션은 지금도 거실 소파에서 편안함을 안겨주고 있다. 다양한 프로그램은 마치 종합선물 세트를 받는 기분이었다.

이처럼 다양한 프로그램은 물론 일주일 동안 강진 곳곳을 돌며 눈과 마음 한 켠에 담은 자연경관은 절대 잊지 못할 경험이었다. 특히 강진만 생태공원과 다원은 특별했다. 강진만에서 조용히 휴식을 취하는 동물들이 놀랄까 봐 조심히 걸으며 멋진 경관을 놓치기 아까워서 쉼없이 폰 카메라에 담았다. 그리고 강진다원은 우선 그 규모에 놀랐지만 그 안에 숨어 있는 백운동원림이 인상적이었다. 대나무숲과 나란히 위치한 백운동 원

COLORS

림을 걸으니, 마치 동화 속 비밀정원에 와 있는 듯했다.

하루 종일 바삐 여행을 다닌 후, 숙소에 들어와서 주변을 살펴보며 이런 생각을 했다. '여기를 고향 삼아 살아보는 것도 좋겠다.' 그런 마음에서인지 이듬해 따스한 봄날 강진을 다시 한번 찾게 되었다.

강진 푸소 체험의 다채로움에 이끌려 이듬해 봄날 동백꽃 구경할 겸 해서 다시 찾게 되었다. 하지만 강진으로 다시 한번 이끈 것은 비단 프로그램이나 자연경관만은 아니었다. 일주일간 지냈던 푸소 농가 '명선하우스'에서의 포근한 경험도 한몫했다. 일단 푸소 농가의 시설이나 배가 터질 정도로 한껏 차려주신 식사도 당연히 만족스러웠다. 아침에 정성껏 내려주신 원두커피의 향은 지금도 코끝을 맴도는 듯하다.

하지만 이보다 더 중요한 것은 여덟 살배기 둘째 아이의 '또 다른 할머니'를 빼놓을 수 없다. 아이가 붙임성 있게 굴기도 하지만 일주일간 지내면서 푸소 농가 어머니가 우리 아이를 마치 친손자처럼 대해 주셨다. 아이를 바라보시는 눈빛에서 자연스레 진심이 묻어나올 정도였다. 그래서인지 순식간에 지나 버린 농가 체험 마지막 날 아이들과 마당에서 함께 사진을 찍으실 때 아이의 볼을 만지면서 아쉬워 하시던 모습이 지금도 눈에 선하다.

그래서 올해 봄에 주말 동안 또 묵게 되었을 때도 마당 한 켠에 있는 그네 의자에 앉아서 강진 어머니는 둘째 아이를 꼭 안고 사진을 찍으셨다. 할머니와 친손주로만 보였다. 그래서인지 둘째 아들은 지금도 친할머니, 외할머니도 아닌 '강진 할머니' 이야기를 가끔 하곤 한다.

생각지도 못했던, 그래서 더 기억에 남는 강진 푸소

김정민

푸소 농가 정보
월송정, 언덕배기해오름집

"여보, 강진이란 곳 어딘지 알아?"

"아니, 잘 모르겠어."

"'강진에서 일주일 동안 살아보기'라는 게 있다는데, 코로나 때문에 어디 가기도 힘든데 아이들과 농촌 체험하러 가볼까?"

처음 즉흥적으로 시작된 가족여행이 오랫동안 기억에 남는 추억이 되었다니 참 신기하다. 이제 그 이야기를 풀어보고자 한다.

강진으로 가는 길은 생각보다 멀었다. 우리 가족이 사는 곳은 대구이다. 평소에 전라도 쪽으로 여행을 가는 경우도 드물었고, 한창 코로나가 유행하던 2020년에 갑자기 여행을 간다니 모든 느낌이 생경하게 다가왔다. 대구에서 강진으로 가는 길은 그리 나쁘지 않았다. 먼저 강진 읍내로 가서 푸소 체험을 하기 위해 사무실을 방문했다. 푸소 체험에 대한 안내를 받고 강진에서 즐길 수 있는 여러 시설에 대한 정보를 얻을 수 있었다.

강진 푸소는 일주일 중 초반부 3일, 후반부 3일을 다른 숙소에서 묵을 수 있다. 우리 가족이 처음 머문 곳은 '월송정'이었다. 월송정에 도착했던 첫날이 기억난다. 시골집답게 집 앞에 주차할 수 있는 공간이 있었는데, 주인아저씨께서 우리 가족이 짐을 쉽게 옮길 수 있도록 아저씨의 차를 미리 다른 곳에 옮겨 두고 우리를 기다리고 계셨다. 마침 우리도 일주일의 생활을 위해 짐을 많이 가져왔었던 차라, 처음부터 받은 이런 배려에 첫 인상이 무척 좋았다. 월송정은 앞마당 정원이 인상적인 집이었다. 도시에서만 생활하던 우리 아이들이 앞마당에서 비눗방울도 실컷 날리고 배드민턴도 치는 모습을 사진으로 남겼다. 월송정에서 먹은 저녁 식사는 지금까지도 기억난다. 입으로 맛있는 음식을 즐기고, 눈으로도 즐거운 꽃장식까지 보며 아내는 놀라워했다.

강진군에는 전남음악창작소가 있다. 푸소 사무실에서 안내를 받으며 노래를 직접 부르고 녹음도 할 수 있다는 말을 듣고 가족들과 함께 방문해 보았다. 무척이나 깨끗하고 멋진 장비들이 가득한 곳이었다. 그곳에서 아이들은 몇 곡이나 노래를 부르며 즐거운 추억을 만들었다. 나도 욕심을 부리며 젊었던 시절에 즐겨 부르던 노래를 불렀다가 목이 갈라지기도 했다.

강진에 간다고 했을 때는 어떤 곳을 방문해야 할지 몰랐는

데 막상 와 보니 갈 곳이 많았다. 한국민화뮤지엄에서는 민화를 직접 그려 보고 색칠해 유리컵을 만들 수 있으니 아이가 있다면 함께 만들어 보면 좋을 것 같다. 강진에 다녀오고 시간이 꽤 지났지만 그때 만든 컵을 아직도 쓰고 있다. 다산박물관도 가 볼 만한 곳이다. 문화해설사님이 입구에 계셔서 다산 정약용 선생님에 대한 인간적인 이야기를 들을 수 있었다. 다산박물관에도 아이들이 함께 체험할 수 있는 여러 프로그램이 있어서 아이들은 손수건을 직접 염색해 보며 추억을 쌓았다.

푸소의 두 번째 숙소는 '언덕배기 해오름집'이었다. 이름처럼 올라가는 언덕 위에 지어진 하얀 2층집에 넓은 앞마당도 있었다. 첫 번째 숙소와는 또 다른 느낌의 집이라 설레는 마음이 들었다. 강진 푸소의 장점은 숙소에서 맛있는 음식을 해주신다는 것이다. 낮에는 강진 이곳저곳을 돌아다니며 식당에서 맛있는 음식을 먹어 보고 아침과 저녁은 정성 가득한 집밥을 먹을 수 있으니 절로 힐링이 되는 듯했다.

아이들이 좋아할 만한 장소도 강진에 있다. 푸소 농가 주인분께 강진에서 가 볼 만한 곳을 여쭤봤을 때 초등학생 아이들이 가면 참 좋아할 만한 물놀이 장소라며 물놀이장을 소개해주셨다. '자연이 좋은 사람들'이라는 곳이었는데 물이 계곡물처럼 시원했다. 워터슬라이드를 실컷 타고 김밥과 라면을 먹으며 시간을 보내다 보니 강진에서의 하루가 또 훌쩍 지나가 버렸다. 처음에는 강진에서 뭘 하며 6박 7일을 보낼 수 있을까 고민했었는데 볼 것, 맛볼 것, 즐길 것 모두 일주일이 부족할 만큼 많았다.

강진에 다녀온 지 어느덧 3년이 훌쩍 지나 초등학교 저학년이었던 아이들도 어느덧 고학년이 되었다. 가끔씩 아이들이 묻곤 한다.

"강진 할머니는 잘 계실까? 거기서 먹었던 음식 엄청 맛있었는데."

아이들에게도 직접 정성스레 차려준 음식이 기억에 새겨진 모양이다. 이 글을 쓰며 지난번 강진에서 찍었던 사진을 다시 살펴보았다. 글로 다 남기지 못한, 또 다른 강진에서의 추억들이 사진 속에 가득했다. 사의재 주막촌에 들러 음식을 사 먹었던 일, 고려청자박물관에서 청자 만들기 체험을 했던 일, 우연히 들렀던 한 미술관에서 아주 큰 세종대왕 동상을 보고 기념사진을 찍은 일 등 참으로 많은 기억이 다시 떠올랐다. 문득 궁금해진다. 지금 강진은 어떻게 변했을까? 강진에서 뵈었던 아저씨와 아주머니는 잘 계실까? 또 다시 가보고 싶은 강진, 푸소. 그리운 마음이 든다.

'쉼'을 주었던 시간

김정욱

전라병영성의 해 질 녘 풍경

푸소 농가 정보
꽃마중,
명선하우스

해 질 녘 찾아간 전라병영성의 풍경은 올여름 강진에서 누렸던 '쉼'을 잘 보여준다. 7월의 마지막 주, 강진에서의 마지막 저녁 식사로 선택한 수인관의 돼지불고기는 강행군으로 다소 지쳤을 우리 가족들에게 맛의 즐거움을 선사했다. 푸소 농가에 곧장 돌아가기가 다소 아쉬워서 우리는 근처의 전라병영성을 방문했다. 우리 말고는 아무도 없는 병영성에서 성곽을 한 바퀴 돌고 해가 서서히 지는 모습을 말없이 바라보았다. 다른 유명 관광지보다 더 푸근하고 마음이 편해지는 순간이었다. 올여름 강진과 함께한 일주일 가운데 이 순간이 나에게, 그리고 우리 가족에게는 최고의 순간이었다고 말할 수 있다.

강진만 생태공원의 게

아침부터 방문했던 다산초당에서 백련사 방향으로 조금 더 걸어가다 보면, 정자 하나가 있다. 햇볕이 잘 드는 정자에 앉아 멀리 내다보이는 강진만을 오랫동안 바라보았다. 정약용 선생도 백련사를 오가며 보았을 풍경이기에 눈에 가득 담아 두었다. 늦은 저녁, 아침에 봐 두었던 강진만 생태공원으로 향했다. 막내아들이 빠른 손동작으로 공원에 기어 다니는 게를 잡아챘다. 손을 물릴 걱정보다도 신기한 것을 손에 쥐어 보고 싶은 마음이 더 컸던 모양이다. 갯벌에 자주 데리고 다니며 이것저것을

미리 경험하게 한 보람이 느껴지는 순간이었다. 갈대와 잘 어우러진 곳에 배치된 덱 길을 걸으며 폴짝폴짝 뛰어다니는 짱뚱어를 신기하게 내려다보았다. 가만히만 있어도 신기하게 변하는 모습을 선사하는 갯벌이 고맙게 느껴졌다.

넓은 마당·마음·식탁을 가진 꽃마중, 명선하우스

다양한 경험을 위해 푸소 농가 두 곳을 선택했다. 단언컨대, 두 군데 모두 넓은 마당, 마음, 식탁을 가진 강진 최고의 숙소였다고 말할 수 있다. 넓은 마당은 온갖 화초가 잘 가꾸어져 있어 식물원을 방불케 했고, 아이들이 배드민턴을 치고 뛰어놀 수 있게 잔디가 깔려 있었다. 푸소 아주머니들은 강진의 넓은 마음을 잘 보여 주었다. 짧은 식사시간이었지만, 서로의 삶을 나누며 이야기하는 기회를 통해 다양한 삶을 배울 수 있었다. 그리고 매 식사 때마다 넓은 식탁을 가득 채우는 정성 어린 식사는 5개월이 지난 지금도 가끔 꿈에 나타날 정도이다.

청자 빚기의 마법

10월의 어느 날, 집 앞에 택배가 도착해 있었다. 3개월 전 고려청자박물관에서 정성을 다해 만들었던 청자컵이었다. 내 컵에는'23년 여름, 강진에서'라는 글귀가 쓰여 있고, 내 짝꿍의 컵에는 우리 둘을 그린 그림이 그려져 있다. 깜짝 선물로 우리는 다시 3개월 전 강진의 여름을 추억했다.

아픈 몸을 쉬이러 간 곳에서 지친 마음의 위안까지 얻다

김지예

푸소 농가 정보
산정호수, 내미농박, 토가

젊은 나이에 암이라는 청천벽력의 진단을 받고, 제일 먼저 돌을 갓 지난 아이가 떠올랐다. 절망할 틈도 없이 9개월간 8차례의 항암, 수술, 방사선 치료를 마치고 몸도 맘도 많이 지쳐 있었다. 맘카페를 통해 알게 된 강진 푸소. 서울에서 먼 강진이었지만 6박 7일 동안 숙소와 식사를 제공해 주는데, 비용까지 저렴해서 체험해 보기로 했다. 서울에서 왕복 10시간이 넘는 곳이라 기왕 내려간 김에 2주 동안 지내기로 하고 말이다.

첫 번째 숙소는 영랑권역 '산정호수'였다. 숙소 앞에 저수지가 있어 덱에 앉아서 보는 뷰가 참 좋았다. 푸소에서의 첫 식사는 닭백숙과 녹두닭죽이었다. 맛깔 나는 김치까지 최고의 메뉴였다. 식사 후에 차와 과일을 내어 주셔서 23개월 된 아기도 호로록 차를 마셨다. 아침은 거의 덱에서 먹었는데, 서울 집에서는 누릴 수 없는 호사였다. 숙소가 청결해서 아이와 함께 편히 지내기도 좋았고, 위치도 하나로마트나 여러 관광지와 가까워서 편리하기도 했다.

두 번째 숙소는 청자권역 '내미농박'이었다. 정감 있는 시골집이라 들어가자마자 감탄이 흘러나왔다. 툇마루엔 책에서 보던 제비집이 있었다. 새끼 제비들과 어미 제비가 왔다 갔다 하는 것을 보고 아기도 신나 했다. 사장님과 여행 루트, 맛집과 푸소 농가 체험 등 강진의 생생한 이야기를 들을 수 있는 귀한 시간이었다. 농가에는 진돗개 진순이와 닭들이 많았는데, 아기에

게는 동물들과 매일 인사하고 다니는 게 큰 낙이었다.

세 번째 숙소는 하멜권역 '토가'에 머물렀다. 매일 차려 주셨던 밥상이 정말 맛있었다. 매일 아침 호강하는 기분이 느껴졌다. 숙소가 있던 병영마을은 한적하고 아름다운 곳이다. 근처에 병영면에서 운영하는 북카페가 있었는데, 아기들 책은 물론 보드게임까지 있어서 아이와 자주 들러 시간을 보냈다. 아기와 방문할 때마다 사장님께서 잊지 않고 인사해 주시며 옆에 앉아서 아기에게 말도 걸어주고 서비스로 쿠키도 내어 주셔서 감사했던 기억이 있다.

2주간 강진 곳곳을 다녔는데, 그중 최고는 백운동 원림이었다. 사진으로는 미처 다 표현되지 않는 대나무 숲의 운치와 그 고즈넉함이 정말 좋았다. 관리가 아주 잘 되어 있어서 주변인들에게 강진에 간다면 백운동 원림에 꼭 가보라고 늘 추천했다. 다시 간다면 오래오래 머물고 싶은 곳이다. 사의재 저잣거리에서 본 지역 주민 공연은 전문가 수준이었다. 돌아다니면서 여러 공연을 구경하고 배우분들과 활쏘기, 빨래터에서 방망이질하기 등을 직접 체험해 보니 사의재 저잣거리, 그리고 강진이 더 가깝게 느껴졌다. '강진의 관광프로그램은 많이 연구해서 마련하신 거구나'라고 한 번 더 깨달을 수 있는 계기가 되었다.

남미륵사는 인스타그램에서 '강진'을 검색하면 제일 많이 나오는 장소였던 터라 가장 기대했던 곳이다. 보통 기대가 크면 실망도 큰데, 이곳은 기대 이상이었다. 마침 철쭉이 만개했을 때여서 황홀한 기분으로 구경했다. 주말이라 사람이 많이 붐볐는데, 곳곳에 주차요원과 관리하는 분들이 계셔서 혼잡함이 줄고 안전하게 구경할 수 있었다.

강진만 생태공원과 호수공원은 넓고 탁 트여 있어서 산책하기 좋은 곳이다. 뻥 뚫린 시야가 눈과 마음까지 시원하게 하고, 호수공원 놀이터는 다양한 놀이기구와 모래 놀이를 즐길 수 있어 아이가 무척 좋아했다. 고려청자 디지털박물관은 체험 공간이 많아서 지내는 동안 여러 번 방문했다. 아기 사진을 찍어 주기도 좋은 데다가 2층에는 키즈카페가 있어서 아이와 함께하기엔 최고의 공간이다. 한국민화뮤지엄, 고려청자박물관도 꼭 가 볼 만한 곳이다. 민화의 색감이 참 아름다운데, 해설을 들으며 보니 더 재밌었다. 귀여운 민화 스마트톡도 나눠 준다. 청자 만들기 체험도 즐거운 경험이었다. 직접 만든 청자는 3개월 뒤에 배송해 주는데, 추억이 떠올라 반가웠다. 여전히 물컵으로 잘 사용하고 있다.

세계모란공원도 감탄했던 곳 중 하나이다. 언덕이지만 꽃과 조경을 잘해 놓아서 힘든 줄 모르고 구경했다. 인공폭포와 모란 온실도 있어서 구석구석 사진 찍고 둘러보는 재미가 쏠쏠했다. 또 가고 싶다. 마량 놀토 시장도 다녀왔는데, 에어바운스에서 아이가 재밌게 놀 수 있었다. 강진은 곳곳에 아이를 위한 공간이 마련되어 있어 아이와 함께 다니기 참 좋은 곳이다.

항구에 있던 바다 전망대 카페는 뷰가 무척 좋았는데, 그곳에서 본 일몰이 아직도 잊히지 않는다. 더구나 커피 로봇 시범 기간이라며 무료로 커피를 주신 것도 최고의 서비스였다. 읍내 도서관에 있는 아이들 전용공간과 육아 지원 센터의 놀이 공간도 이용했는데 직원 분들도 다들 친절했고 놀 거리도 많아서 알차게 보냈다.

강진 푸소를 체험하고 와서 여기저기 많이 추천을 했다. 맘카페에 후기를 올렸더니 그걸 보고 꼭 가 보겠다는 분들도 많았다. 복잡한 서울을 떠나 아이와 함께 지내기 좋은 곳이 있다는 걸 많은 이들이 알았으면 한다. 특히 어딜 가도 환영해 주시는 강진 분들 덕분에 아이에게 좋은 경험이 되었다.

은퇴 후에 발견한 또 하나의 놀이터

김판진

푸소 농가 정보
꽃뜰

여행을 좋아하는 우리 부부는 코카서스 지역을 여행 중이었다. 그때 마침 지난해 강진 푸소 프로그램을 통해 일주일간 머물렀던 강진 숙소 사모님께서 안부를 물어 오셨다. 그동안 부산집에서 생활하면서 필요한 농산물이 있으면 사모님께 가끔 부탁드려 받아 보기도 했다. 사진찍기를 좋아하는 나로서는 지난해 다양한 강진의 풍경들을 담아 왔는데, 기회가 있을 때마다 지인들에게 사진을 보여 주며 늘 강진 이야기를 했고 다음에 꼭 같이 가보자고 말하곤 했다.

그때 사모님의 연락이 계기가 되어 이번에는 친구 부부들을 설득해서 다함께 재방문하게 되었다. 이번 강진 도착 첫날에 현지에서 대여해 주는 자전거를 타고 강진만 생태공원을 달렸다. 그때 느낀 해방감이 정말 좋았다. 더군다나 일행들이 만족해하는 모습을 보면서 '같이 오길 잘했구나'라는 생각이 들었다. 다음 날은 고려청자박물관에서의 청자 만들기를 체험하고 한국민화뮤지엄에서 해설사의 흥미로운 이야기를 듣고는 근처에 있는 도자기 판매소에 들러 이름도 재미있는 '거시기 도자기'도 저렴하게 구입했다. 지금도 그 찻잔으로 집에서 아침저녁으로 커피를 마시고 있다.

가우도에도 갔는데, 그날 바람도 많이 불고 날씨가 추웠음에도 일행 모두 추위도 잊은 채 섬을 한 바퀴 걸으며 사진을 찍고 나서 숙소 사모님께서 소개해 준 식당에 들러 점심을 맛있

게 먹었다. 그리고 백운동 원림에서의 시간도 참 인상 깊었다. 그곳 정자에 앉아 한동안 일행들과 정원의 경치를 내려다보며 담소를 나누던 시간이 참 좋았다.

그리고 빼놓을 수 없는 한 가지 추억, 다산박물관에서 강진만 생태공원까지 일행들과 긴 시간 함께 걸었던 다산 오솔길이 떠오른다. 거의 목적지에 도착할 때쯤 강진만 생태공원 조망대, 그 건물의 실내에 편히 앉아서 바라본 강진만의 풍경은 한없이 평화로웠고 자연이 주는 감동에 젖은 일행들의 모습을 수없이 카메라에 담았다. 중간에 다산초당도 들러서 해설도 듣고, 백련사에서 안전한 여행을 바라는 기도도 했다. 안평마을 정자에 도착해서는 인정 많은 숙소 사모님이 챙겨 주신 간식을 맛있게 먹었다. 어느 날 저녁에는 오감통 시장에서 연탄에 구운 닭요리를 먹었는데 일행들 모두 다 엄지척이었다. 역시 같은 재료를 가지고 요리해도 강진에서 먹는 음식은 특별하다는 걸 새삼 느꼈다.

월출산을 배경으로 서 있는 월남사지 유적지와 근처 개인 미술관을 둘러보다가 초면이었던 미술관 관장님께도 차를 대접 받았다. 문득 '강진은 유서 깊은 유적지가 많고 사람들에게는 베풂의 여유가 있구나'라는 생각이 들었다.

강진에서의 일주일을 마무리하는 날 '꽃뜰' 사모님 집에 머무는 동안 맛있게 먹었던 보리굴비를 구입하고 싶다고 했더니 덕장까지 손수 안내해 주셨고, 사모님께서도 아쉬운 마음이셨는지 우리가 귀향하는 국도 입구까지 함께해 주셨다.

이런 강진 분들의 모습을 지켜보면서 한 가지 덧붙이고 싶은 이야기가 있다. 숙소 근처를 오가며 늘 보았던, 수채화같이 부드러운 산세를 가진 산에 오랫동안 눈길을 준 적이 있다. 이러한 풍경을 보면서 '역시 사람은 그 사람이 사는 지역의 자연과 많이 닮아 있구나'라는 생각을 했다.

'강'력하고 '진'한 끌림이 있는 그곳, 강진으로 가자

김현미

푸소 농가 정보
토가,
내미농박

서울 토박이 워킹맘, 농촌 체험에 도전하다!

서울 토박이인 나는 항상 농촌 생활에 대한 로망이 있었다. 미디어에서 접하는 푸른 자연과 함께하는 여유로움, 따스하고 푸근한 이미지는 20년 직장생활에 지친 워킹맘인 나에게 농촌 라이프를 꿈꾸게 하기에 충분했고 이에 우연히 인터넷에서 접한 강진 푸소를 보고, 주저하지 않고 우리 가족의 여름휴가를 '강진에서 일주일 살기' 프로그램으로 결정했다.

푸근한 정(情)이 가득한 강진 푸소로 가자!

우리 가족은 3박 4일, 2회 일정으로 프로그램에 참여했다. 첫 도착지는 병영 '토가'였다. 장장 6시간여를 달려 피곤한 우리 가족에게 토가 푸소 사장님은 상다리가 부러질 정도로 식사를 준비해 주었다. 첫날의 집밥은 맛도 맛이거니와 일주일 살기를 하는 내내 여행할 수 있는 에너지를 채워 주었다. 지내는 동안 매일 아침 든든한 집밥은 물론이고, 구체적인 여행 계획이 없던 우리 가족에게 추천해 주시는 여행지와 맛집, 일상 대화에서 따스한 진심을 느낄 수 있었다. 두 번째 푸소는 마량 '내미농박'이었다. 내미농박에서도 역시 지내는 내내 든든한 집밥과 알뜰살뜰 챙겨주시는 푸근한 인심에 무언가 마음속에서 사르르 녹는 기분 좋음을 얻을 수 있었다. 내미농박에서 가장 기억이 남는 시간은 푸소 사장님과 함께한 마량항 밤 마실이었다. 사장

님께서 직접 준비하신 간식을 함께 먹으며 나누었던 담소 덕분에 힐링할 수 있는 시간이었다. 지면을 빌어 두 푸소 사장님들께 진심으로 감사드린다.

지친 몸과 마음의 힐링을 원한다면 강진의 자연으로 가자!

특이하게도 강진 여행의 시작은 강진군문화관광재단에서의 누적 스트레스 검사였다. '얼마나 힐링에 자신이 있기에 이런 체험이 있을까?' 하는 의구심이 들기도 했는데, 모두 기우였다. 초록빛의 벼가 너른 들녘, 벚꽃이 피었을 때의 장관을 기대하게 하는 벚꽃 삼십 리길, 막힌 가슴을 뻥 뚫리게 만들 만큼 눈이 시원한 강진다원의 녹차 밭, 운치 있는 백운동 원림, 독특한 느낌의 남미륵사, 바다 내음이 물씬 나는 마량항을 직접 둘러보는 것만으로도 힐링이 되었다. 스트레스 테스트를 다시 해

볼 필요도 없이 스트레스가 풀리는 것 같았다. 이렇게나 많은 강진의 힐링 명소 중에서도 우리 가족의 원 픽은 월출산 금릉 경포대 계곡이다. 뜨거운 여름날, 숨이 턱턱 막히고 등줄기에서 흐르는 땀으로 범벅인 상태에서 맞이한 맑고 깨끗한 금릉 경포대계곡은 우리 가족에게 천국과도 같은 시원함을 느끼게 하기에 충분했다. 세상 편하게 발을 담그고 한참이나 도심에서는 느낄 수 없는 여유를 즐겼다.

특별한 체험을 원한다면 강진으로 가자!

일주일 살기 프로그램에 참여하는 동안 여러 체험에 도전했는데, 정약용 선생의 숨결을 느낄 수 있었던 다산박물관~다산초당~사의재, 김영랑 시인의 시가 탄생한 영랑생가, 병영성터와 하멜기념관, 해설사님의 귀에 쏙쏙 들어오는 설명이 좋았던 한국민화뮤지엄, 고려청자의 고장 강진을 대표하는 고려청자박물관에서의 청자 체험, 무더운 여름 더위를 날려준 보은산 V랜드 물놀이장(무려 무료!)도 좋았지만 우리 가족의 원 픽 체험소는 전남음악창작소에서 우리 목소리로 녹음한 음원 제작 체험이다. 가수가 아닌 다음에야 살면서 언제 제대로 된 시설에서 내 목소리로 녹음을 하고 그 목소리로 만들어진 음원을 가질 수 있을까. 완성된 음원을 들으며 놀라운 음이탈에 민망하기도 했지만, 우리 가족에게 정말 뜻깊고 특별한 체험이었다.

남도의 맛! 좀 보고 싶다면 강진으로 가자!

강진에 머무르는 동안 강진 10미(味) 중 상다리가 휘어질 정도의 그야말로 산해진미인 강진 한정식, 여행의 에너지를 충전한 민물장어구이, 정갈한 보리밥상, 마량항에서의 싱싱한 회를 맛보았고 그 외에도 이마에 흐르는 땀을 한 방에 날려 준 이

한영 생가에서의 녹차 빙수와 엄청난 크기의 옛날통닭도 맛보았는데, 남도가 왜 맛의 고장인지를 느낄 수 있었다. 강진에서 맛본 음식 중에서 가장 맛있었던 음식은 병영 돼지불고기였다. 연탄으로 초벌하여 불맛을 제대로 느낄 수 있었고, 함께 나오는 한상차림은 고급 한정식에 버금갔다.

힐링을 원한다면 강진으로 가자!

고작 일주일을 보냈을 뿐인데도 벌써 강진이 그립다. 푸소 사장님들의 푸근한 마음 씀씀이, 20년 직장생활에 찌든 스트레스를 날려 주기에 충분했던 강진의 자연과 오래도록 추억에 남을 특별한 체험, 입안이 즐거워지는 먹거리까지. 올해 방문에서 즐기지 못했던 금곡사 벚꽃 삼십리길 축제, 보은산 수국길 축제, 마량미항 찰전어축제, 병영 불금불파를 즐기기 위해 내년에도 우리는 강진을 찾을 것이다.

느긋함이 주는 여행의 묘미, 강진

김현태

푸소 농가 정보
별바라기

나에게 강진은 우리나라의 수많은 지명 중에서도 꽤나 생소한 곳이었다. 강진을 처음 알게 된 계기는 유튜브에서 국내 여행 영상을 보던 중 우연히 푸소 농가에 대한 소개를 접하게 되면서부터였다. 민박 농가에서 일주일을 살아보는 내용이었는데 태어나서부터 도시에서만 살던 자녀에게 좋은 경험이 될 것 같은 프로그램이라는 생각이 들었다.

따뜻한 가을볕이 내리쬐는 10월, 우리 가족은 강진으로 떠났다. 늦은 오후쯤 달빛한옥마을에 도착하게 되었는데 마을은 이름대로 월출산의 멋진 바위 산세가 한눈에 보이는 곳에 자리해 있었다. 그 안에 자리한 별바라기 한옥에 도착하자 입구부터 은목서 꽃향기가 먼저 반겨 주었다. 정말 군더더기 없이 정갈하게 꾸며진 한옥과 잔디 마당을 보자 아이는 신이 나 뛰어다니기 시작했다.

달빛한옥마을은 비교적 새로이 조성된 마을답게 잘 정비되어 있어 산책하기에 아주 좋았다. 아주 멀리서부터 흘러온 약간의 탄 냄새, 먼지 하나 없이 습기 촉촉한 맑은 공기가 느껴져 옛날 시골 할머니 댁에 갔던 기억들이 떠오른다. 별바라기 주인장께서 정말 정성껏 내어 주신 저녁상에 부모님과 함께 강진 지역 막걸리를 곁들였다.

강진은 생소했던 지명과 달리 막상 경험해 보니 가 볼 곳이 정말 많았다. 우리는 강진의 여러 곳(한국민화뮤지엄과 고려청자

박물관, 강진만 생태공원, 가우도와 마량항, 무위사와 백운동 원림, 사의재 저잣거리와 오감통 시장 오일장, 전라병영성과 하멜기념관)을 부지런히 다녔다.

강진에서 일주일 살기를 하게 되면 강진 강진군문화관광재단에서 푸소 회원증을 발급해주는데, 강진의 여러 시설을 무료로 혹은 군민 혜택을 받고 이용할 수 있다.

먼저 한국민화뮤지엄에서는 해설사 선생님의 설명을 들으며 감상했는데 그냥 감상할 때와 천지 차이였다. 그냥 지나칠 뻔한 그림의 많은 것들이 새로이 보여서 좋았다. 그다음 프로그램으로 청자 만들기 체험을 한 후 고려청자 디지털박물관에 있는 어린이 놀이시설에서 재미있게 놀았다. 고려청자 디지털박물관은 화려한 볼거리도 많아 특히 아이와 함께 여행하는 분께 추천하고 싶다.

무위사는 우연히 방문하게 된 곳인데 우리나라의 국보 13호인 극락보전을 만나게 되어 인상 깊었다. 건축물로서는 숭례문에 이어 두 번째 국보라고 하니 대단한 건축물임에 틀림없었다. 호남의 3대 정원 중 하나인 백운동 원림은 울창한 숲길 안에 위치한 소박한 별장 같은 느낌이었다. 정선대에서 바라보는 백운동 정원과 그 뒤로 함께 보이는 월출산 옥판봉이 한 폭의 그림 같다.

전라병영성은 생각보다 압도적인 크기였다. 병영성을 한 바퀴 돌아보는데도 시간이 꽤 걸렸다. 규모로 미루어보건대 강진이 조선 시대에 정말 번성한 곳이고 군사적으로 중요한 요충지였다는 것을 알 수 있었다.

사의재에 도착하자 부모님께서는 어릴 적 살던 집과 거의 구조가 똑같다며 반가워하셨다. 사의재 거리를 천천히 돌아보고 오감통 시장 오일장이 가까워 들러 보았다. 오랜만에 시장에서

군것질도 하고 사람들 구경도 했다. 아이는 한동안 아기 고양이와 강아지를 파는 장에서 떠나지를 못했던 기억이 난다.

강진만 생태공원은 두 번 방문했다. 아이가 공원에 걸어 다니는 짱뚱어가 신기했는지 또 보고 싶다고 해서였다. 하지만 만조에는 짱뚱어를 볼 수 없어 물때를 확인하고 가는 것을 추천한다. 강진만 생태공원은 규모가 커 탐방 경로가 여러 곳으로 조성되어 있다. 두 번째 방문에는 다른 코스로 돌아볼 수 있다는 점이 좋았다. 마침 갈대 축제 중이었는데 한편에 국화꽃밭이 정말 예뻐서 한참 머무르기도 했다.

그렇게 일주일 동안 우리는 낮엔 강진의 여러 곳을 돌아다니고 저녁이 되기 전엔 달빛한옥마을로 돌아와 느긋한 휴식을 취했다. 마을 초입에 있는 월출산 전망대는 그리 높지 않은데다 밤에도 조명이 있어 시간에 구애받지 않고 방문하여 마을 전경을 바라볼 수 있었다.

예전에는 여행을 일정 동안 쉴 틈 없이 했었다. 짧은 일정 동안 유명한 곳을 모두 가봐야 한다는 생각에 갇혀있었다. 하지만 최근 들어 '한곳에서 느긋하게 오래 쉬면서 에너지를 충전하는 것이 여행의 목적이 아닐까' 하는 생각이 들었다. 마침 강진에서 일주일 살기 프로그램을 만나게 되었고 좋은 인연으로 만난 별바라기 농가에서 정말 풍요롭고 여유로운 여행을 하게 되었다. 아이와 강진으로의 첫 기차여행, 첫 한옥살이. 자녀가 처음 경험하는 순간을 옆에서 함께 한다는 것은 부모로서 정말 행복한 일이 아닐 수 없다.

휴식과 성숙의 시간

남성순

푸소 농가 정보
화담재

나름대로 규모가 있는 스포츠 센터를 운영하던 남편은 코로나로 인해 모든 걸(?) 잃고 강제 퇴직하게 되었다. 워낙에 에너지가 많던 남편이었고 일과 관련해서는 한 번도 걱정을 끼치지 않았던 성실하고 카리스마 있는 모습만 봐 왔던 터라 아무것도 하지 않고 눈뜨면 본인 방에 틀어박혀 컴퓨터 게임만 하는 생경한 모습은 지켜보는 것만으로도 함께 힘들었다. 옆에서 해 줄 수 있는 거라곤 여느 때와 같이 옆에 있어 주는 것뿐이었다. 그런 시간을 보내던 중 답답한 공기를 환기해 줄 것이 없을까? 생각하다 언젠가 동생이 말했던 '강진에서 일주일 살기'가 생각나서 남편을 설득하기 시작했다. 남편도 계속 보채는 나에게 미안했는지 어느 날 그러자고 했고, 남편도 나도 편안한 마음으로 떠난 건 아니지만 별 준비도 큰 기대도 없이 '지금의 힘듦에서 조금만 빠져나오자'라는 마음으로 간단한 세면도구와 편안한 옷 한 벌 들고 무작정 길을 나섰다.

우리에게 강진은 완도에 갈 때 지나치던 곳이었다. 처음으로 머물게 된 강진은 깨끗했고, 고즈넉했고, 따뜻했다. 주인장의 매력과 정이 담뿍 담겨 있는 푸소. 정갈히 차려준 식사도 평소에 묵던 숙박과 전혀 느낌이 달라 마치 친정 언니 집에 온 것 같은 편안함을 느꼈다. 어디부터 가볼까? 정해진 건 아무것도 없었다. 안내 책자를 둘러보았다. 강진은 가우도의 출렁다리가 연결되면서 A자형 도시가 되었다고 했다. 그래서 먼저 A자의 꼭짓점부터 가보기로 했다.

강진만 생태공원이다. 멋진 곳이다. 산으로 둘러싸인 바다라니…. 이런 풍경이니 바다인지 호수인지 아리송하다. '이게 바닷물이야?' 하고 물어볼 정도로 바다랑은 거리가 멀어 보이는데 보이는 게 전부 바닷물이다. 갯벌에 짱뚱어, 게, 그리고 그들을 잡아먹는 백로가 보였다. 갯벌은 생명의 땅이란 걸 실감하게 했다. 가우도를 한 바퀴 돌아보고 마량항에서 토요일마다 마량놀토 수산시장이 열린다는 소식에 시장을 방문해 보았다. 공연도 있고, 가요제도 하고 있었다. 사람이 많지는 않았지만 여기저기 다니며 편하게 쉬기 좋은 곳이다. 마음이 좀 편안해 졌을까?

그렇게 다니다가 노래를 좋아하는 남편을 위한 작은 이벤트를 해주려고 신청한 노래 녹음 프로그램에 참여하러 갔다. 별 기대 없이 찾은 전남음악창작소는 작은 스튜디오로 이루어져 있어서 TV에서만 보던 가수들의 모습을 직접 체험할 수 있었다. 헤드폰까지 끼고 있으니 평소에도 멋쟁이인 남편이 더욱 멋있어

보였다. 처음에는 멋쩍어하고 수줍던 남편도 곧 어린아이처럼 웃음을 되찾았다. 얼마 만에 보는 남편의 웃는 모습인지. 평생을 가족을 위해 희생한 남편인데 코로나라는 예기치 못한 사태로 주저앉았고, 가족에 대한 미안함과 죄책감으로 한동안 말이 없었는데. 남편이 웃는 모습을 보니 눈물이 핑 돌았다.

남편은 아이처럼 웃고 떠들고 마이크를 들고 자신이 좋아하는 노래를 맘껏 불렀다. 그렇게 잠시나마 현실에서 벗어난 듯 보였다. 다산초당에서 백련사로 넘어가는 만덕산 고개길에서 말했다.

"여보, 이 고개 꼭대기에 서 봤으니 우리 이제 천천히 내려가요. 내려가서 편안하게 살아요. 아끼고 절약하면 살아지겠죠."

남편이 말없이 내 손을 꼬옥 잡았다. 고마움의 다른 표현이란 걸 나는 안다. 그렇게 말없이 만덕산의 따뜻한 그 길을 내려왔다. 그렇게 삶을 다시 다잡았다. 강진에서의 시간은 우리 부부에게 무엇과도 바꿀 수 없는 소중한 한 때로 남아 있다. 동백이 고개를 떨굴 때 다시 만덕산을 넘어 백련사로 가 봐야겠다. 그때 다시 반겨줄 거지? 안녕, 강진. 지난여름 고마웠어.

몸과 마음이 즐기고 쉴 수 있는 집보다 편안한 강진

류창국

푸소 농가 정보
고향집 농박

전국에 있는 많은 지자체에서 일주일 살기, 한달 살기 등 많은 유사한 프로그램으로 도시 생활에 지친 사람들을 부른다. 그러나 강진의 푸소(FU-SO)는 다른 프로그램과는 차원이 다르다. 단순한 관광과 숙박에 치중한 것이 아니라 현지 주민이 거주하는 집에서 일주일을 묵으면서 지역의 다양한 볼거리, 먹거리, 즐길 거리를 체험할 수 있다. 부부동반, 가족동반 등 다양한 연령대의 사람들이 참여할 수 있기에 진정한 힐링이 가능한 프로그램이다. 아마도 많은 사람이 여행하기 전에 숙소를 정하느라 고민이 많을 것이다. 강진 푸소에 다녀온 경험자로서 이야기하자면 푸소는 강진의 KS마크 같아서 참여하는 농가 모두가 일정 수준 이상의 서비스를 제공할 수 있도록 교육과 피드백을 통해 관리하고 있다. 믿고 프로그램을 이용하면 된다.

우리 부부는 서울 토박이로, 살면서 전라도 쪽으로는 업무차 방문할 일도 많지 않아 가 볼 기회가 다른 지역에 비해 상대적으로 많이 적었다. 군산, 삼례, 전주, 장성, 목포, 신안, 진도, 해남, 완도, 보성, 여수·순천 등을 여행한 경험은 있었지만, 강진에서의 숙박은 처음이었다. 아내가 다니는 미용실 사장님이 강진 분이라서 평소에도 고향 자랑, 음식 자랑을 많이 했다고 한다. 우연히 시청한 방송 〈동네 한 바퀴〉를 통해 푸소를 알게 되었고, 유튜브에서 푸소 관련 영상을 보며 꼭 가 보고 싶다고 생각했다.

대학생 딸아이가 선택해 준 예쁜 한옥인 '고향집 농박'에서 일주일간 집보다 편안하게 잘 쉴 수 있었다. 고향집 농박은 약 100년 된 전통 한옥으로 6대째 주인이 살고 있으며, 지극 정성과 사랑으로 고택을 관리해 왔다. 화장실, 주방 등을 개조해 전통한옥이면서 양옥의 편리함까지 두루 갖추고 있어, '혹시나?' 하는 불안을 잠재웠다. 또한, 별채는 양옥(기와지붕)으로 준비되어 있고 안채와 분리되어 있어 원하면 별채를 선택할 수도 있었기 때문에 일주일 생활하는 데에도 아무 문제가 없다. 우리 부부는 이왕 쉬는 것, 평소에 경험해 보지 못한 전통한옥을 선택해 힐링을 즐겼다. 고향집 농박의 특징은 방문을 열고 밖을 보면 멀리 산까지 보이는 풍광이 정말 끝내준다는 것이다.

그런데 여행 전에 푸소의 후기를 읽으며 후한 강진의 인심이 걱정되었다. 우리 부부는 아침도 달걀 2개로 해결할 정도로 워낙 소식을 하기 때문이었다. 미리 전화로 양해를 구해 두었는데, 도착 저녁과 퇴실 전날 저녁까지도 과식할 정도로 맛있게 잘 먹었다. 주중의 아침 식사는 달걀부침 2개씩만 요청했는데, 수제 요구르트, 과일, 작두콩 차, 콩물까지 준비해 주셔서 너무나도 맛있게 먹었다. 평소에 속이 쉽게 불편해져서 음식에 조금 까다로운 나도 이곳에서 생활하는 동안은 전혀 문제없이 행복한 일주일을 보냈다.

처음 방문한 강진은 푸소에서 제공한 다양한 정보와 더불어 주인어른의 설명에 따라 여행했다. 강진에서 평생을 사셨고,

농업을 강의하시던 주인어른의 강진 역사 설명도 너무 좋았다. 이때가 아니면 언제 강진에 대해 이렇게 자세히 들을 수 있을까? 또한, 안주인님은 서예와 그림, 악기, 요리를 열심히 배우셨다는데 그래서 그런지 웃음과 에너지가 넘치시는 분이라 그 기운을 받아 잘 쉬다 왔습니다.

특히, 강진 시내에서 걷다가 우연히 먹어 본 쪽갈비, 생족발구이(거시기 쪽갈비 생족발구이)는 2번이나 갔다. 처음 먹어 본 바지락무침(무지개식당)은 꼭 다시 먹고 싶은 음식이 되었고, 돼지수육과 추어탕(모란추어탕)과 병영면의 연탄불고기(수인관) 역시 아는 맛이라 더 맛있게 먹었다. 마량면의 갑오징어와 도다리, 신전면 쌈밥(순이쌈밥) 등 맛있는 식사가 많아 무엇을 먹을지 즐거운 고민을 했다. 맛집들 일부는 이후에 회사에서 제작한 「2023 IBK맛집노트」에 싣기도 했다.

청자 컵 만들기, 가우도 돌아보기, 다산초당과 다산박물관도 좋았지만, 병영면에서 우연히 들어간 골목의 예쁜 돌담길은 오래 기억에 남는다. 강진만 생태공원, 시내에 있는 영랑생가, 사의재, 모란공원도 산책하기 좋았다. 서울에서 멀고 오기 힘든 100대 명산인 월출산도 오르고 주작산 산행도 해 보았는데, 바람과 비 때문에 힘들었지만 출렁다리에서의 추억을 만들 수 있었다. 백련사, 금곡사, 남미륵사 같은 사찰과 석문공원도 있어 보고 즐길 거리가 다양한 강진은 휴가 일주일로는 부족해서 한 번 더 가야겠다고 다짐했다.

이모에게 보내는 강진 사진첩

박영희

푸소 농가 정보
비비안네 사랑채

"영희야… 느그 이모가 먼저 가버렸다. 우짜노…."

엄마의 떨리는 목소리는 40여 년 전, 아버지의 죽음을 알리던 목소리와 꼭 닮아 있었다. 작년 이맘때 엄마, 큰이모, 작은이모와 함께 강진에서 일주일 살기를 계획했었지만, 큰이모는 함께하지 못했다. 그때, 모든 걸 제쳐두고 같이 가자고 했어야 했는데.

2022년 12월, 일주일의 여유를 선물 받아 어디로 여행을 갈까, 궁리하다 푸소 농가 체험을 알게 되었다. 경상도인 부모님 밑에서 자라 경상도인 남편을 만나 한평생을 경상도에 살고 있다 보니, 먼 전라도까지 방문할 기회가 많지 않았다. 그때 우연히 푸소 농가 체험을 하고 쓴 한 공무원의 칼럼을 읽고서는 무언가에 이끌리듯 자연스럽게 강진으로 향했다.

야트막한 산들이 가장 먼저 눈에 들어왔다. 산 능선은 단정했고 산봉우리는 다정했다. 가슴에 태양을 품었으나 쉽사리 달뜨지 않는 여인 같은 해안선도 그 존재감이 은근했다. 강진의 산하는 고요히 나를 사로잡았다.

우리는 영랑생가와 시문학파기념관 방문을 시작으로 강진 속으로 들어갔다. 강진의 자연에는 문향(文香)이 스며있는 걸까, 사람의 가슴에 자연이 스며들어 문인(文人)을 배출한 걸까. 자연과 사람이 사랑을 나누는 강진이기에 문학(文學)이 꽃필 수 있었으리라.

왜 여태까지 유년의 뜰에 앉아 있는 엄마의 모습은 그려본 적이 없었을까. 고려청자박물관과 한국민화뮤지엄에서 청자컵 만들기와 민화 체험을 하며 웃던 엄마의 얼굴에서 강진의 햇살 같은 미소를 머금은 소녀를 보았다.

'꿈은 하늘에서 잠자고 추억은 구름 따라 흐르고 친구여 모습은 어딜 갔나 그리운 친구여.'

누군가와의 이별을 은연중에 마음에 품고 계셨던 걸까. 전남음악창작소에서 인생곡을 녹음해 보자는 딸의 제안에 엄마는 조용필의 〈친구여〉를 선택하셨다. 우리는 도란도란 이야기를 나누며 가우도를 걷고 또 걸었다. 강진의 하늘과 바다는 엄마와 딸, 이모와 조카가 아닌 지구별 여행에 나선 친구들의 모습으로 우리 셋을 감싸 안았다. 눈으로, 가슴으로 담은 강진의 평화는 어디에서 또 만날 수 있을까.

나고 자란 고향처럼 편안하게 강진을 여행할 수 있었던 가장 큰 힘은 '비비안네 사랑채'였다. 푸소 홈페이지에서 비비안네 사랑채 소개를 보고서는 그곳의 예약이 가능한 때로 여행

일정까지 바꿀 만큼 매력적으로 다가왔다. 사모님께서 다채롭게 펼쳐냈던 산해진미는 어떻게 표현하면 그 맛을 모두 전할 수 있으려나. 우리는 강진의 자연과 향을 품은 음식을 선물 받았다. 비비안네 사랑채 사모님께서는 자매가 없다고 하셨다. 강진을 떠나던 날에는 함박눈이 내렸고 엄마와 사모님은 친자매처럼 서로를 한마음으로 끌어안으셨다. 그녀는 '언니가 없는 내게 한없이 넓은 큰언니의 마음을 선물하고 가셨다'라는 답글을 보내셨다. 함박눈은 축복이었다.

강진 여행 후 일 년이 지난 지금, 큰이모는 세상과 이별하셨다. '병마를 물리치고 꼭 영희와 못 가 본 강진에 놀러 가리라' 다짐하던 큰이모는 약속을 지키지 못하고 떠나셨다.

'이모, 강진의 모습을 우리 마음에 담아 둘게요. 자연과 사람이 함께 노니는 그곳을 고이 간직할 테니, 언제든지 우리 마음에 내려오셔서 친구 같은 강진과 추억을 나누다 가세요. 사랑해요.'

인생의 전환점이 되어 준 강진 여행

박자선

푸소 농가 정보
토가,별바라기

작년 강진 푸소 여행 후 인생의 많은 변화를 겪고 있다. 9살, 7살 아이들을 키우고 있는 아이 엄마로, 남편과 나는 서울에서 사십 평생을 살았고 전라도 쪽에는 연고조차 없다. 오래전부터 해외로 이사를 준비 중이던 터라 남편은 미리 출국해서 회사를 다니고 있었고 코로나로 인해 나와 아이들만 한국에 남아 있었다. 이왕 이렇게 된 거, 한국에 있는 동안 모국에 대한 기억을 많이 남겨주고 싶어 여기저기 여행을 많이 다녔다. 하지만 코로나가 끝난 것도 아니고 아이들도 어리다 보니 서울 근교로만

다니던 차에, 우연한 기회로 강진 푸소를 알게 되었다.

저렴한 가격도 충격적이었지만 매끼 식사를 준다는 게 더 충격이었다. 주부이기에 매일 이른 아침마다 누군가를 위해 밥상을 차린다는 게 얼마나 수고스럽고 힘든지 너무나 잘 알고 있었다. 남편 없이 수 년 동안 독박 육아 중이던 내게 남이 차려 주는 밥상이라니, 정말 매력적인 유혹이었다.

'이 가격에 아침도 주고, 잠도 재워 주고, 저녁도 준다고? 사기 아닐까?'

처음에는 의심도 들었다. 한 번도 가 본 적 없는 지역이라 장거리 운전이 걱정되었지만 홀린 듯이 출발했다. 그리고 도착한 순간부터 우와, 하고 감탄이 연신 터져 나왔다. 비록 예쁜 꽃잎들은 없지만 나무만 봐도 범상치 않은 멋들어진 벚나무들이 줄지어 서 있는 터널과 주렁주렁 탐스럽고 무겁게 매달려 끝도 없

이 펼쳐진 감나무들, 아빠를 위해 처음으로 가수들처럼 부스 안에서 노래를 불러 본 경험, 청자를 만들 때의 그 촉감, 한옥마을 뒤에 펼쳐진 월출산의 신비로움, 처음 보는 너무 귀여운 짱뚱어들, 보성에만 있는 줄 알았던 드넓은 녹차 밭, 이른 아침마다 차려 주시는 맛있는 9첩 반상의 아침 식사와 놀러 나갈 때마다 아이들 손에 항상 쥐어 주시던 간식들. 생각지도 못하게 전라남도의, 강진의 아름다움과 자연의 멋스러움에 그리고 사람들의 정에 반해 버렸다.

여행 기간이 일주일이었지만 볼 곳도, 갈 곳도 너무나 많아서 다 보지 못하고 온 것이 너무나 아쉽다. 8살인 첫째는 역사를 배웠고, 6살인 둘째는 자연을 만끽했다. 마지막으로 엄마인 나는 친정엄마가 아기 때 돌아가셔서 엄마의 밥상을 받아 본 적은 없지만 '남들이 말하는 친정엄마가 차려주는 밥상은 이런 기분이구나' 느끼며 힐링을 했다. 서울로 돌아와서도 계속 생각이 날 정도였다.

그리고 4개월 뒤, 2023년 2월 남편 곁으로 가는 걸 잠시 미루고 전라남도 화순으로 농촌 유학을 신청해서 내려왔다. 강진으로 오고 싶었지만 인기가 많아 다들 연장을 하셨는지 빈자리가 없었다. 농촌 유학을 온 지도 어느덧 1년이 되어 가고 있다. 유학을 오자마자 아이들과 강진 청자축제를 즐기고, 금곡사 벚꽃축제를 가고, 남미륵사 서부 해당화꽃, 수국길축제, 강진만 갈대축제, '텐트 밖은 병영' 이벤트도 참여해서 즐거운 캠핑 1박도 했다. 이 정도면 강진의 매력과 사랑에 빠진 것 맞겠지? 단순한 여행으로 왔던 곳이 인생의 전환점이 되어 아이들은 평생 간직할 학창시절을, 나는 꿈에서나 상상해 보았던 시골 사람으로 살아보고 있다.

진정한 힐링은 '강진에서 일주일 살기' 후부터

박전술

푸소 농가 정보
임이랑농장, 화담재

강진으로부터 원격 힐링 구독 서비스를 받고 있는 것만 같다. 강진에 두 번째 다녀오고 한 달이 지났는데도 일상에서 자주 강진의 경치와 기억들이 생각난다. 항상 먼저 떠오르는 장면은 푸소 농가 '임이랑'과 '화담재' 주인들의 모습이다. 첫 만남에서도 사람을 대하는 데 따뜻함과 여유가 있었고, 부드럽고 진한 남도 사투리에서 정겨움을 느낄 수 있었다. 그분들께 각각 3일씩 신세를 지고 왔는데 지금도 다시 뵙고 싶은 마음으로 그립기만 하다. 강진에서 지내는 동안은 내가 어디에서 온 사람인지 가물거릴 정도로 서울 집을 잊은 채 편하게 지냈다. 지금도 착각인지 강진으로부터 원격 힐링 서비스를 지속해서 받고 있는 기분이 든다. 그런 그리움의 소중한 추억을 공유하고 싶었다.

생활 농가에서 숙박하며 농촌 생활을 잠시라도 느껴볼 수 있었다. 수확한 빨간 고추를 손질해서 건조 시키고 마당 한 켠에는 늙은 호박이 가득 쌓여 있고 다양한 농기구와 트랙터 등 장비 구경도 하고 벗어 놓은 장화와 빨랫줄에 널려 있는 작업복을 보면서 시골 할머니 댁을 그린 그림일기를 보는 듯했다.

매일 아침 8시 푸소 농가의 살림집 거실에서 따뜻하고 맛있는 식사를 했다(아침 식사 시간은 편한 시간으로 말씀드리면 된다). 매일 차림을 달리하여 시골 어머니 한정식의 품위가 더해진 듯한 식사에 과일 디저트와 커피 등 풀코스로 정성을 다해 차려 내 주신다. 이렇게 아침을 잘 먹고 포만감을 느끼며 집을 나서면

그날의 여행은 시작부터 즐거웠다. 과거 여행지에서 한 끼를 먹기 위해 맛집을 검색하고 찾아다니는 일은 스트레스인 데다가 반나절의 시간이 소요되는데, 푸소 농가에서의 식사는 새로운 밥상을 경험하게 해 줄 뿐만 아니라 융숭한 대접에 만족스러웠다. 저녁 식사는 가볍게 먹을 수도 있어 아주 좋았다.

길에서 또는 방문지에서 무엇이든 물어보면 한결같이 정성을 다해 설명해 주시는데 진심의 친절함이 묻어난다. 심지어 1차 강진 여행 마지막 날 아침, 독감으로 강진의료원에서 진료를 받았는데 의사, 간호사, 원무 직원도 친절해서 놀랐다. 처방 약을 사러 약국에 들렀는데 복용 방법과 효능을 설명하는 약사님의 모습에서 환자에 대한 따뜻한 배려가 느껴져 약을 복용하기도 전에 벌써 나은 듯한 착각이 들기도 했다.

강진읍 로컬마트에 진열된 청색 무화과를 처음 보고 판매직원에게 이름과 먹는 방법을 문의했는데, 청무화과이며 깨끗이 씻어 껍질째 먹으면 맛있다는 직원의 설명에 홀려 한 박스를 구입했다. 밤늦게 숙소에서 먹어봤는데 그 맛 또한 새로운 경험이었다. 그동안 무화과는 자주색 무화과의 안쪽 씨 부분만 베어 먹고 버리면서 도대체 먹을 것이 없는 과일이라 생각했는데, 강진에서 먹은 청무화과는 그게 아니었다. 그날 밤에 한 박스를 다 먹고 다음 날 또 한 박스를 샀다.

우리의 여행 취향은 시간에 얽매이지 않고 목적지에 도착한 뒤 하루 일정을 정하고 꽃, 나무, 들판, 바다 등 자연의 모습을 보고 느끼는 것을 선호한다. 꽃과 나무 이름을 찾아 보고 새롭게 배우며 미술관과 박물관을 즐겨 찾지만, 그 주위의 정원과 숲을 더 좋아한다. 강진 여행에서 특히 기억에 남는 곳은 백운동 원림의 울창한 대나무 숲, 백련사에서 다산초당으로 이어지는 우거진 동백 숲길, 드넓은 평야 뒤 강진만에 양 떼처럼 떠 있는 뭉게구름이 인상적이었던 백련사 가는 길이다. 둘러보지는 못했지만 강진의 아름다운 관광명소와 체험장의 위치도 대략적으로 꿸 수 있게 되었고, 월출산이 남도의 금강산이라는 것을 여행 후 뒤늦게 알게 되었다. 목포, 해남, 영암, 보성, 고흥, 해남, 장흥, 완도 등 주변 시, 군도 30분 남짓이면 오갈 수 있는 중심에 강진이 위치해 있다.

끝으로 강진에서 지내는 동안에 내가 어디에서 살았는지 누구인지조차 잊고 지낼 정도로 편안하고 자유로웠다. 깨끗하고 자연스러운 자연, 그리고 정겨운 사투리와 따뜻한 인심. 이제 강진은 언제든지 다시 갈 수 있는 내 마음의 고향으로 정했다. 나는 아직도 강진 여행 사진을 지인들에게 보여주며 강력 추천하고 있다.

동갑내기 네 아낙의 쉼과 힐링 여행

백창연

푸소 농가 정보
꽃뜰, 화담재

2022년 늦가을, 강진에서의 일주일 살기!

가슴이 푸근해지는 참 좋은 기억이다. 102세 시어머니를 모셔 왔던 효부 청주댁, 30여 년의 직장생활을 마치고 전업주부로 돌아온 또 다른 청주댁과 대전댁, 6년째 치매 부모님을 보살피고 있는 광주댁인 나. 누구보다 휴식이 간절했던 네 아낙이 며칠만이라도 훌훌 떠나 보자고 야심차게 택한 것이 강진 푸소 체험이었다. 여고 동창도 아니고 고향 친구도 아닌, 남편 직장 동료의 아내와 그 직장 동료의 중학교 동창들의 아내들로 만나, 서로 서먹함도 있을 만한데 회갑 1년을 앞둔 동갑내기라는 공통점으로 의기투합한 것이었다.

젊은 시절 다산초당과 영랑생가를 잠깐 들러간 것 말고는 강진에 대해 아는 것이 없었던 우리가 일주일간 함께한 강진 푸소 체험은 출발 시 기대보다 훨씬 큰 만족감을 주었다. 강진군 홈피 등에서 관광지와 맛집들을 검색하며 일정을 짰고, 푸소 농가 체험 후기를 참고해 3박 4일씩 묵을 곳을 정했다.

11월 14일 첫째 날, 오송역과 서대전역에서 각각 출발해서 광주송정역에 내린 일행을 승용차에 태우고 강진으로 향했다. 강진군문화관광재단에 들러 푸소에 대한 전반적인 안내를 받고 하얀 고니들이 노니는 강진만 생태공원의 갈대숲을 거닌 후, 해 질 녘 들어선 곳이 첫 번째 푸소 농가 '꽃뜰'이었다.

반갑게 맞아 주시는 주인 내외분, 국화 향이 가득한 너른 잔디마당, 정갈한 침구에 마음은 한없이 편안해졌고, 아침마다 '오늘은 또 어떤 음식이 나올까' 하는 설렘을 안고 맞은 맛깔스러운 한 상 요리에 매번 밥 한 공기를 뚝딱 비울 만큼 남도 음식에 푹 빠졌다. 후식으로 내어 주신 살얼음 단호박 식혜는 일품이었다.

강진 사랑이 남다르신 꽃뜰 사장님은 동선까지 고려해 명소와 주변 맛집들을 세세히 소개해 주셨다. 추천받은 곳들은 전부 대만족이었다. 관광객들을 맞이하기 위해 구석구석 잘 준비해 놓은 강진군의 세심한 배려도 돋보였고, 모든 관광지에 입장료가 없다는 사실이 놀라웠다.

둘째 날은 다산 정약용이 유배를 와서 4년간 거처했다는 주막집 사의재, 영랑생가, 모란공원, 고려청자박물관 등을 둘러보고 청자 만들기와 민화 그리기 체험을 한 후, 가우도 출렁다리와 둘레길을 산책했고 셋째 날은 다산초당과 다산박물관, 백

련사 관람 후 해남 대흥사까지 원정 관광을 했다. 넷째 날은 병풍처럼 이어진 기암괴석과 사랑플러스 구름다리가 잘 어우러진 석문공원에서 한나절을 보낸 후, 완도 구계등 해안과 장도, 장보고공원을 다녀왔다. 강진 끝자락 마량항에서 본 수평선에 깔리는 붉은 노을은 정말 아름다웠다.

두 번째 숙소인 달빛한옥마을 '화담재'에 들어섰다. 구조가 각각 다른 한옥들과 주인들의 개성이 스며든 정원들이 어우러져 예쁘고 고즈넉한 한옥마을의 멋을 보여 주고 있었다. 바깥주인께서 애써 주신 덕분에 뜨끈뜨끈한 구들장에 시린 허리를 밤새 지지는 호사도 누려 보았다.

다섯째 날, 숙소와 가까운 영암 왕인박사유적지, 구림마을 도기박물관을 관람한 후 강진다원, 백운동 원림을 걸으며 가을 정취를 흠뻑 즐겼고, 여섯째 날은 사의재 저잣거리와 기념품 가

게를 구경하고 사의재 마당에서 열린 공연을 보았다. 마지막 날, 화담재 주인 내외분의 배웅을 받으며 신라 고찰 무위사로 향했고, 국보인 아미타 삼존불 벽화를 비롯한 문화재들을 감상하고, 하멜기념관과 병영성, 그 옆의 연탄불고기거리에서 푸짐한 점심 식사를 했다. 샌드위치가 맛있다고 소문난 인근 관광농원에서의 차담을 끝으로 일주일간의 꽉 찬 여행을 마쳤다.

1년 만에 다시 찾은 부부동반 강진 여행

강진 푸소의 행복한 기억들을 되새김하던 중 지난 10월 18일, 이번에는 남편들까지 동반해 8명이 2박 3일 일정으로 강진을 다시 찾았다. 마침 그때가 강진만 갈대축제 기간이어서 가을꽃들의 향연 속에서 많은 볼거리들을 만나는 행운까지 안게 되었다. 강진만 생태공원, 병영성, 영랑생가 등 작년에 이어 또 봐도 여전히 아름답고 고즈넉함이 좋았다. 하멜 일기를 꼼꼼히 읽어 보더니 이제야 하멜표류기에 대해 제대로 알게 됐다는 대전댁 남편, 광주에 살면서도 연탄불고기거리가 있음을 처음 알았다는 우리 남편, 한정식집 요리에 매우 만족해 한 청주댁 남편은 '역시 마누라가 하자는 대로 하면 만사가 형통하다'며 너스레를 떨었다. 축제장 홍보부스에서 관계자분이 꽃뜰 여사장님을 전화로 연결해 주었다.

"사장님 잘 계시죠? 우리 또 왔어요. 호박식혜 지금도 있나요?"

"오메, 강진 오셨어요? 식혜 있지요. 얼른 오세요."

반색하며 받아 주시니 정말 친정에 온 듯한 기분이었다.

따뜻한 온기가 가득했던 강진에서의 겨울, 일주일 살기

손혜영

푸소 농가 정보
토가, 보금자리

도시에서 살고 있지만 어릴 적부터 자연이 좋아 귀촌을 생각하고 있을 즈음 타 지역의 한 달 살기 또는 일주일 살기에 관심이 많았던 터라 종종 검색해 보던 중 강진에서 일주일 살기에 대해 알게 되었다.

여행은 한 번씩 짧게나마 다녀 봤지만 10살, 6살 난 아이들과 집을 떠나 다른 지역에 일주일을 산다는 것이 처음이었던 우리 가족은 지난겨울, 12월에 끝자락에 부푼 기대를 안고 '강진에서 일주일 살기 프로그램'을 신청했다.

일과 아이들의 학업으로 날씨 좋은 봄이나 가을에는 엄두도 못 내고 한창 추운 겨울, 아이들 방학과 시기를 맞췄지만 엄마 입장에서는 조식 6회와 석식 2회가 제공된다는 문구에 추운 날씨에도 마냥 설레었다. 강진은 처음이라 여러 경험을 해보고자 권역별로 하멜 지역의 '토가'에서 3박 4일, 달빛권역의 '보금자리'에서 3박 4일로 숙소를 예약했다.

대구에서 3시간 30분 남짓 달려 강진군문화관광재단에 도착했다. 푸소 회원 카드를 발급받고 제출해야 하는 서류와 간단한 안내를 받은 뒤, 첫 번째 푸소 농가 토가로 향했다. 입실 시간은 오후 4시였지만 토가 사장님의 배려로 숙소에 조금 일찍 도착해 짐을 먼저 풀게 되었다.

강진은 눈이 내리고 나서 한참 추울 때라 눈이 녹지 않고 곳곳에 남아 있었는데, 대구에서는 잘 볼 수 없는 광경에 아이들은 강아지들처럼 신이 나서 뛰어다니며 손이 시린 줄 모르고 눈싸움도 하고 눈사람도 만들었다.

숙소는 층고가 높고 추운 날씨라 그런지 바닥은 따뜻한데 우풍이 좀 심했다. 아파트 생활에서는 상상도 할 수 없는 풍경이었고, 추위를 많이 타는 터라 첫날은 코까지 시려 번데기처럼 이불을 꽁꽁 싸매고 잤는데, 둘째 셋째 날부터는 날도 조금씩 풀리면서 추운 환경에 다들 적응해서 그런지 완전 꿀잠을 잤다. 사장님께서도 토가는 방이 넓고 시원해서 아이들과 여름에 와서 놀기 좋은 곳이라고 하셨다.

강진의 홍보대사 같으신 토가 사장님의 친절한 설명에 첫날 사의재 저잣거리, 남미륵사를 가볍게(?) 산책한 후 숙소로 돌아와 기다리고 기다리던 첫 저녁 식사시간! 오삼불고기에 밑반찬부터 너무 정성스럽게 차려주셔서 감동, 맛에 감탄을 더했다. 사장님께서 병영에서 식당을 오래 하셨다고 하셨는데, 아침마다 상다리 부러질 듯 정성스러운 밥상에 입맛 까다로운 우리 아이들에게도 취향 저격이었다!

아침을 든든하게 먹어서 그런지 힘이 나서 여러 코스를 돌아도 지치지 않았다. 푸소 문화 체험 중 민화와 도자기 체험은 화요일 또는 금요일에 가능한데 한국민화뮤지엄과 고려청자박물관이 바로 옆에 있어 푸소 회원 카드로 아이들과 민화 체험, 도자기 체험을 하고 난 후 돌아가는 길에 가우도에 들러 모노레일을 타고 전망대에서 강진의 잔잔하고 소박한 매력을 느끼며 풍경을 감상했다.

그렇게 3박 4일이 훌쩍 지나고 두 번째 달빛권역의 보금자리 농가 체험. 늘 한옥이 좋아, 한옥에서 살고 싶다고 울부짖던 나였는데 강진 한옥마을에서 그 소원 풀이를 하게 된 것이다. 월출산이 병풍처럼 감싸고 있는 강진 달빛한옥마을은 마을 주

민들의 생활 공간이자 한옥 숙박 체험을 할 수 있는 곳도 있고, 2015년 5월부터 시작된 강진 푸소 체험 농가로는 5곳이 운영되고 있다고 한다. 짐을 풀고 한옥마을에서 가까운 무위사를 돌아보고, 저녁 식사시간까지 남아 강진만 생태공원으로 갔다. 강진만 생태공원은 1,131종의 다양한 생물의 서식지라 하는데 아이들이 마음껏 뛰어놀며 산책하기 좋았다.

한파로 추운 날씨에 건물 안으로 들어가 몸을 녹이며 일몰을 감상하기 좋았던 강진만 생태홍보관을 알차게 둘러본 후 보금자리에서의 저녁 식사. 이곳에서도 상다리 부러질 듯 진수성찬에, 강진 분들은 어찌 그리 다들 음식솜씨가 좋으신지 감탄이 절로 나왔다. 간간이 간식도 챙겨 주셨는데, 삭막한 도시의 개인주의 성향과 다르게 따뜻한 온기가 가득한 푸소 농가의 정과 인심에 몸 둘 바를 모르게 감사했다.

강진의 또 다른 매력은 목포, 해남, 영암, 장흥 등을 1시간 내로 갈 수 있다는 점이다. 강진의 주변 도시를 어렵지 않게 오갈 수 있어서 아이들에게는 정남진전망대, 목포 자연사박물관, 해남 공룡박물관 등 체험할 수 있는 기회가 되었다. 2024년도에는 강진-광주 고속도로가 완공될 예정으로 강진을 기점으로 광주 여행도 도전해 보면 좋을 듯하다.

항상 여행을 계획할 때 나 홀로 인터넷 검색을 하면서 코스를 짜는데, 이번 강진에서 일주일 살기 체험에서는 현지 분들의 이야기에 귀 기울이며, 그 지역의 특색과 고충도 알게 되었고, 농가들의 따뜻한 인심과 맛있는 음식은 우리 가족에게 참 뜻깊고 아름다운 추억으로 남아 있게 되었다. 또 가고 싶은 강진, 기회가 된다면 또 다른 계절의 강진을 만나 그 매력에 한껏 빠져들고 싶다.

내 일상에 위로가 되어 준 강진에서 일주일 살기

신경숙

푸소 농가 정보
청향채,
솔나무안집

2023년 가을 강진에서 마음을 치유하다

친정아버지의 갑작스러운 폐암 진단과 친정어머니의 당뇨와 위암 의심 소식에 나는 다니던 직장을 휴직하고 부모님의 치료에, 동생은 주말마다 부모님이 시작해 놓은 농사일에 매달렸다. 다행히 아버지는 항암치료를 시작한 후 6개월 만에 안정기로, 어머니는 당 수치가 좋아지고 위암은 아니라는 결과가 나와 복직을 할 수 있게 되었다. 복직 전 동생과 그동안 지친 마음을 풀고자 여행지를 찾던 중 '강진에서 일주일 살기'를 접하게 되어 여행지로 결정하게 되었다.

강진에 도착한 첫날은 고려청자박물관에서 청자 만들기 체

험을 했다. 컵이 소진되어 반상기를 주셨는데 무엇을 조각할까 고민하다 동생이 부모님의 이름 끝 자와 복(福) 자를 새겨 건강을 기원하며 선물하자고 하여 열심히 체험에 몰두했다. 완성품은 석 달쯤 뒤 택배로 보내주신다는데 부모님이 사이좋게 반상기에 식사하실 생각에 흐뭇하고 뿌듯했다. 청자 만들기 체험 후 바로 옆 한국민화뮤지엄을 관람했는데 다양한 민화를 해설사분의 설명과 함께 감상할 수 있어 매우 만족스러웠다.

둘째 날은 숙소 근처의 백련사와 다산초당길을 걸어 보았다. 10년 전쯤 가족과 함께 걸었던 봄날 동백꽃이 흐드러지게 떨어져 있던 화려한 길과는 또 다른 고즈넉함이 느껴졌다. 셋째 날은 강진만 생태공원 트레킹에 이어 가우도 짚트랙도 타고 출렁다리까지 걸어 본 후 한정식을 먹었다. 정말로 끝도 없이 나오는 음식들이 눈과 입을 즐겁게 했다. 마량항에서 신선한 회를 즐기고 숙소로 돌아가는 길에 만난 가을 들녘과 어우러진 강진만 석양은 어지럽던 내 마음을 평온하게 해준 감사한 풍경이었다.

병영면으로 푸소를 옮기던 날은 영랑생가와 강진읍 시내를 재밌게 구경했다. 영랑생가 안채 마루에 걸터앉아 우물과 장독대가 있는 마당을 보고 있자니 어디선가 영랑 선생이 "오메! 단풍 들겄네!" 하며 나타날 것만 같았다. 강진농협에서 강진 농민들이 생산한 농산물은 반드시 사야 한다. 샤인머스캣과 상큼한 블랙사파이어는 전국 최고의 맛, 질 좋은 건조 목이버섯은 우리 집 식탁에 인기 있는 반찬이 되었다.

주문하면 한상차림으로 나오는 병영면 연탄불고기 백반은 명불허전! 금요일 밤마다 불금불파 축제가 열릴 만하다. 푸소 주인 어르신께 월출산 등산코스를 여쭤보니, 월출산은 바위산이라 등산이 매우 힘드니 산책하며 월출산의 기운과 절경을 만끽할 수 있는 강진다원을 추천해 주셨다. 월출산 기슭 달빛한옥마을과 연결된 산책로를 따라서 올라가다 보면 마주하게 되는 강진다원은 병풍 같은 월출산 밑으로 녹차 밭이 넓게 펼쳐져 있어 전통적이면서도 이국적인 풍경을 동시에 안겨주는 곳으로 우리 자매의 힐링 여행지가 되었다.

강진 여행에서 제일 감동 받았던 것은 푸소 농가의 푸근한 인심이다. 복슬강아지 보리가 반겨주던 한옥 푸소 '청향채' 주인장께서는 음식점보다 더 맛깔난 솜씨로 남도 아침상을 차려 주셨고, 이른 아침 숙소를 나설 때는 키우는 토종닭의 유정란을 삶아 주셔서 정말 감사했다. 길을 못 찾을까 염려하여 골목 밖까지 나와 기다리시던 '솔나무안집' 주인 어르신께는 친정엄마 같은 정이 느껴졌다. 창문으로 감나무가 가득한 뒷마당을 볼 수 있는 넓은 별채를 내어주셔서 편히 지낼 수 있어 감사한 마음뿐이었다.

강진을 다시 꿈꾸며

양순희

푸소 농가 정보
온새미로

평소에도 사진과 여행을 좋아하는 우리 부부는 어느 날 그토록 가고 싶었던 '강진에서 일주일 살기'라는 안내문을 발견했다. 남편이 응모했고 결과는 당첨! 뛸 듯이 기쁜 마음으로 여행을 준비했다. 살고 있는 경기도에서 멀리 떨어진 전남 강진으로 큰 기대와 설렘을 갖고 우리 부부는 즐겁게 출발했다. 머무는 곳이 한옥이라는 것은 알았지만, 강진에 도착해서 멋들어진 바위산을 양옆으로 끼고 시골길을 달리며 깊숙이 또 깊숙이 들어간 곳에서 만난 한옥은 큰 대감집을 방불케 했다. 친절한 젊은 부부의 안내로 멋진 한옥에서의 나날들을 보낼 수 있었으며, 통째로 내어 준 넓은 대청마루에서 자연을 만끽하고, 주인 부부가 준비한 정갈한 음식을 즐길 수 있어 감사한 마음을 추억으로 갖게 되었다.

70대 중반인 우리 부부는 숨을 헐떡이며 다산초당에 올랐다. 그 소박한 아름다움에 눈물이 핑 돌았다. 다산 정약용은 어찌하여 유배지에서 그렇게 학문에 전념하여 그 훌륭한 실학을 집성하고 그 유배 생활의 어려움을 추스렸을까 생각하니, 책 좋아하는 나도 부끄럽지만 새로운 용기도 가져 본다. 다산이 강진에 와 처음 머물렀던 강진 읍내의 주막인 사의재에서 마침 젊은이들의 공연이 있어 함께 어깨를 들썩이며 즐겼다.

다음으로 강진만 생태공원, 갈대가 펄럭이는 생태공원에 다다르니 가슴이 뻥 뚫리며 모든 잡다한 생각이 멀리 날아갔다. 그저 마구 달리고 싶은 기분이었다. 때가 초저녁이었는지 강진만 저 멀리 농가들의 굴뚝에서 연기가 나는 모습이 아스라이 옛 고향에 온 것 같았다. 덱 길을 걸으며 사진도 찍고 갈대의 흐느낌을 가슴에 담으며 '왜 이리 좋을까' 하고 행복을 만끽했다. 자연 속에 파묻혀 있을 때 가장 나답게 행복하다는 것을 깨닫는 순간이었다.

월출산을 배경으로 월남마을 중앙에 있는 월남사지는 감격 그 자체였다. 가슴이 턱 막히며 이곳이 진정 인간이 추구하는 최고의 안식처 '샹그릴라'가 아닐까 하는 생각마저 들었다. 뒷배경으로 기암괴석의 월출산은 그 장엄함이 숨을 멎게 했으며, 월남사지는 처연한 아름다움으로 남아 있어 가슴이 뭉클했다. 마을은 마치 신선들이 모여 살았을 것처럼 조용하고 적막했다. 너무나도 완벽한 위치에 풍수지리에서는 이곳을 어떻게 표현했을지

문외한인 나조차도 궁금할 정도였다.

백련사에는 너무 늦은 시간에 도착해서 조급한 마음에 사진도 제대로 찍지 못했다. 마침 차나무와 동백나무가 무성한 백련사에서 사찰음식 전시회가 있었다. 항상 남도의 음식 문화에 관심이 많았는데, 많은 것을 눈에 담고 싶다 보니 시간상 참가하기가 어려웠다. 아쉬운 마음을 뒤로하고 둘러본 백련사에서 삼성각 앞에 있는 배롱나무는 나를 위로해 주듯 그 위용을 뽐내고 있었다. 특이하게도 대웅전 현판이 두나무 판으로 나뉘어 쓰여 있는 점이 독특했다.

가우도 출렁다리, 자연 휴양림 등 일주일 내내 강진을 샅샅이 보고 해남 미황사까지 둘러보고 정말 만족스럽고 행복한 여행을 했다. 이렇게 전통과 문화와 자연이 잘 보존되고 있는 강진이 다시금 그립다. 강진과 헤어지며 한옥 주인 부부와도 아쉬운 작별을 했지만 그들이 준비해준 은행, 표고 등의 정성 어린 선물로 인해 마음까지 풍요로웠고 다음을 기약하며 꼭 다시 올 것을 다짐했다.

푸근하고, 소소한 기쁨을 주는 강진에 살어리랏다

최황이

푸소 농가 정보
고향집 농박

첫째 날_ 고향집 농박

자그마치 백 년 된 고택이었는데 믿기지 않을 만큼 깔끔한 내부와 손님을 위한 화장실과 작은 주방, 따스한 햇빛 아래 걸린 빨래와 종려나무가 나란히 서 있는 예쁜 마당이 눈에 띄었다. 주인 내외분도 푸근하시고, 정성스럽게 차려진 불고기 한정식으로 허기를 달랬다. 설레는 마음과 들뜬 기분으로 서까래가 가지런히 놓인 천장 아래에서 단잠을 청해 본다.

둘째 날_ 백련사, 다산초당, 다산박물관, 강진만 생태공원

남편과 마치 요새처럼 천연기념물(제151호) 동백숲에 둘러싸인 백련사에서 다산초당으로 향하는 고즈넉한 길을 해월루를 거쳐 조용히 걸어본다. 다산 정약용도 비가 오든, 눈이 오든 외롭고 친구가 필요한 날이면 이 길로 혜장 스님을 만나러 갔겠지. 나는 다산박물관 앞마당 '정약용 말씀의 숲'에서 마치 ET처럼 다산과 손가락으로 교감하고, 남편은 박물관에 앉아 계신 다산과 차 한잔을 나눈다.

근처 자그마한 백반 뷔페에서 또 한 번 푸짐한 강진의 한정식을 만났다. 숙소로 돌아오는 길에는 해지는 강진만 생태공원에 들러 갈대 숲 사이 덱 길을 분위기 있게 걸었다. 갯벌 위에 납작 엎드린 짱뚱어와 철새 울음소리가 울려퍼졌다.

셋째 날 _ 강진 장날, 월출산 도갑사, 천황사, 월출산구름다리

오늘도 8시 반에 차려주신 푸짐한 한정식으로 든든하게 배를 채운 후 강진 장날이라 시장으로 향한다. 주차가 어려울 정도로 북적거린다. 파머스 마켓에 주차한 후 걸으며 시장 한 켠에 앉아 계시는 아주머니에게 친정엄마가 좋아하시는 대봉시를 구입한다. 돌아오는 길에 예쁜 단감을 가지런히 담은 상자를 내놓은 가게에 들어가 동생네와 시댁으로 택배를 부탁한다. 김장을 대비한 마른 청각도 한 보따리 단돈 만 원. 횡재다. 올 김장은 듬뿍 넣은 청각으로 더 시원해질 예정이다.

다음으로 강진과 영암에 걸쳐져 있는 월출산을 찾았다. 유홍준 『나의 문화유산 답사기』 1권에도 등장하는 도갑사에 들러 해탈문, 석조여래좌상을 구경하고 천황사에서 구름다리까지 등반을 시작한다. 월출산은 함부로 보여주지 않으려는 듯 시커멓고 거대한 바위가 울룩불룩 솟아 있다. 구름다리에 오르니 강진이 한눈에 내려다보인다. 월출산을 제외하면 농지와 저수지로 풍요로운 땅이다. 곳간에서 인심 난다더니, 월출산이 끌어안은 남도의 땅이 참으로 푸근해 보인다.

넷째 날 _ 가우도·고려청자박물관·한국민화뮤지엄

주인 내외분의 따뜻한 배웅을 받으며 가우도로 향한다. 거센 바닷바람에 날아갈 듯하다. 남편과 팔짱을 꼭 끼고 구름다리와 둘레길을 걸어 영랑을 만난 후, 섬을 한 바퀴 돈다. 다음으로 청자를 보러 가는 길에 먼저 청자 만들기를 체험한다. 사뭇 진지하게 청자에 그림을 그리고 완성했다. 90일 후, 강진 여행이 잊힐 즈음 내가 무늬를 새겨 넣은 청자를 받아 보면 다시 한 번 강진이 생각 날 것이다.

다섯째 날_ 무위사·강진다원·월남사지·전라병영성·하멜기념관·사의재·세계모란공원·영랑생가

늦가을이 더더욱 쓸쓸하게 느껴지는 흐린 날씨다. 행사가 있는지 스님의 목탁 소리와 염불 소리가 울려 퍼진다. 극락보전에 올라서니 법당 내 분위기가 여느 절과는 다르다. 오래된 것들에서 퍼져 나오는 아름다움이다. 파랑새가 그렸다는 극락보전 벽화와 백의관음도도 만났다. 다음으로 월남사지로 향했다. 폐사지 터에 서 있는 부드러운 삼층석탑이 씩씩한 월출산과 조화롭다.

전라병영성과 하멜기념관을 구경한 후 병영 연탄불고기를 먹으러 갔다. 식사 도중 친구랑 통화하며 가성비 좋은 강진의 식사를 자랑하자 부러움을 한껏 받았다. 토요일이라 그런지 가는 곳마다 행사가 있다. 영랑생가에서는 작은 가요제가 있는지 제법 흥겨운 음악 소리와 함께 모란공원, 시문학파기념관을 산책한다. 생가 마당에 늠름하게 서 있는 은행나무가 올해도 제 할 일을 다 한 듯하다.

여섯째 날_ 다시 백련사, 다산초당 그리고 마량항

고즈넉한 백련사와 다산초당을 다시 한번 방문하기로 한다. 동백꽃이 흐드러질 때 다시 오기를 기약한다. 오늘 저녁 주인 내외분과 마지막 만찬을 즐기기로 하고 주인 내외분은 삼겹살을 준비하고 우리는 호기롭게 생선회를 사오겠다며 집을 나선다. 마량항을 걷다 보니 수협에서 경매가 진행되고 있다. 활기가 넘친다. 상인들이 분주하다. 손님들 또한 눈이 분주하다.

어떤 남자분이 엄청난 크기의 농어를 산 모양이었다. 사람들이 몰려든다. 우리도 뒤에서 구경하다가 우리와 어울릴법한 작은 농어를 구입한다. 돌아와 맛나게 끓여 주신 농어 지리탕과

회, 삼겹살로 포식을 했다.

마지막 날 _ 집으로

대봉시와 병영에서 산 단감, 각종 농산물로 차 트렁크가 가득하다. 아쉬운 마음과 일상으로 돌아가야 한다는 부담감으로 길을 나선다. 여태껏 한 여행 중 가장 특별한 여행이었다. 돌아와 사람들과 여행 이야기를 하면 다들 궁금해한다. 어떻게 그런 프로그램을 알게 됐는지, 어떻게 남편과 단둘이 멀리 일주일씩이나 갔다 왔는지. 이 모든 것을 가능케 한 강진에 정말 감사드린다. 그리고 궁금하다. 누가 어떻게 이토록 신박한 일주일 살기 프로그램을 생각해 냈는지 말이다.

강진에서의 싱그러웠던 여름날들

오상균

푸소 농가 정보
보금자리, 명선하우스

달빛한옥마을의 이장님 댁, '보금자리'. 강진으로 여행을 떠나게 마음먹게 해 준 영상을 통해 먼저 알게 되었지만, 직접 와서 느껴지는 그 여유로움과 고즈넉함은 와보지 않고는 알 수 없는 것이었다. 월출산 자락 아래 아름다운 한옥마을, 여유롭게 풍경을 바라보며 하루를 보내도 좋을 만한, 너무나도 좋은 곳이다.

보금자리의 정이 넘치시는 사모님께서는 도착 날 저녁 정갈하고 맛있는 식사를 준비해 주시고, 매일 아침에도 맛있는 식사를 푸짐하게 내어 주셨다. 중간중간 과일도 주시고, '혹여나 불편해하지 않을까' 하며 항상 배려해 주시는 모습에 머무는 동안 내내 감사함을 느꼈다.

여행 일정이 장마 기간과 겹쳐 걱정되었지만, 차분하게 가라앉은 안개와 함께한 날, 비가 추적추적 내리다 그쳤다 반복한 날, 쨍하게 갠 맑은 날 모두 달빛한옥마을 보금자리에서 느낄 수 있어서 더욱 좋았다. 월출산을 바라보면 어떤 날씨, 어떤 계절에 와도 좋을 것 같다는 생각이 들었다.

초록의 싱그러움이 드넓게 펼쳐진 강진다원과, 무위사, 원각사지 삼층석탑 등이 근거리에 있어서 여러 번 다녀오기에도 좋았다. 사모님께서 아름답게, 풍요롭게 꾸며 놓으신 정원과 텃밭도 너무나 정감이 가는 공간이었다. 머무는 동안 편안한 고향 집처럼 쉬다 갈 수 있도록 신경 써 주신 보금자리 내외분께 다시 한번 감사 인사를 드리고 싶다.

'명선하우스'의 정이 넘치시는 사모님께서는 숙소 도착 전 미리 먹고 싶은 음식이 있는지까지 물어봐 주시고, 도착 날 저녁과 매일 아침 식사를 너무나도 맛있고 정갈하게 준비해 주셔서 여행 내내 정말 감사했다. 강진 하면 남도한정식이 유명하다는데, 따로 한정식집을 찾아갈 이유가 없었다. 이곳의 집밥이 진정한 남도한정식이었기 때문이다.

명선하우스의 위치는 강진 읍내 근처에 위치하여 주요 관광지로 이동할 때 편리했다. 푹신한 침대와 침구, 깔끔하고 널찍한 개별 화장실과 필요한 모든 용품이 구비되어 있는 욕실, 그리고 호텔급의 깨끗한 수건도 충분하게 제공해 주셨다. 냉장고에는 더운 여름 3박 4일 동안 돌아다닐 때 아주 유용하게 챙겨갈 수 있도록 생수도 가득가득 준비해 주셨다.

아침마다 커피도 내려 주시고, 재미난 이야기를 나누며 보냈던 여유로운 오전 시간도 기억에 남는다. 추천해 주신 여행지와 맛집을 다 못 가 본 것이 아쉬워서 다음에 또 강진에, 명선하우스에 다시 와야겠다. 명선 하우스 내외분께서는 머무는 내내 편안하게 쉬다 갈 수 있도록 배려해 주시는 마음도 전해 주셨고, 떠나는 날까지 직접 기른 채소와 과일을 챙겨 주시며 강진이 마치 제 고향인 듯 느껴질 정도로 푸근하게 맞아주셨다.

월출산을 배경으로 초록의 싱그러움이 드넓게 펼쳐진 강진다원과 그 아래 달빛한옥마을, 강진읍 시장과 오감통 먹거리장터에서 먹거리와 즐길 거리들, 사의재에서의 유쾌한 마당극, 보은산 자락 아름다운 수국길, 세상근심 걷어내고 천천히 걷고 싶은 가우도 한 바퀴, 가슴이 뻥 뚫리는 강진만 생태공원 갈대밭까지, 보석 같은 곳들이 가득한 강진. 싱그러운 여름날로 기억되는 아름다운 곳, 그곳이 바로 강진이다.

다 갖추어진 강진, 부러운 곳

오용천

푸소 농가 정보
내미농박

우리 부부에게 2022년 전반기는 너무 바쁘고 지치고 힘들어서 휴식이 필요한 시기였다. 인터넷을 통해 '강진에서 일주일 살기' 프로그램을 알게 되었고 안내에 따라 2022년 6월 초 예약을 했다. 어느 여행이나 마찬가지로 여행을 앞둔 마음은 늘 설레고 기대에 부풀어 그날만을 기다리게 되는데, 같은 마음으로 강진에서의 일주일 살기에 선정되고 나서도 그렇게 설레었다. 기다리던 그날이 왔고, 우리 부부는 짐을 챙겨 나섰다. 목적지를 검색해 보니 족히 5시간은 가야 하는 거리였지만 일하러 가는 것이 아니기에 나서는 마음은 그래도 즐거웠다. 운전을 시작하고 두어 시간이 지날 때쯤 예약한 농가에 전화라도 하는 게 예의일 것 같아서 휴게소에 들렀는데 농가 사장님이 친절하게도 먼저 문자를 보내 주셨다. 예약할 때 바로 감사 문자를 다정하게 보내시기에 그러려니 했는데 예약 후 50여 일이 지난 날, 연락하려던 찰나에 온 문자는 너무 반갑고 감동이었다. 사장님은 이렇게 문자를 보냈다.

'선생님! 오늘 뵙는 날이네요. 더운 날씨 조심해서 오십시오.'

강진군을 알리는 이정표가 보이고 깨끗한 거리와 잘 정리된 시가가 눈에 들어오고 평야만 있을 줄 알았는데 멀리 보이는 의외로 많은 큰 산, 푸르디 푸른 벼가 가득하게 줄지어 멋진 장관을 만들고 있는 넓은 들판, 들판 사이를 가로지르는 잘 정리된 물길, 경인 지역에서 보기 힘든 차로의 중앙분리대에 줄지어 식재되어 있는 예쁘고 특이한 배롱나무 가로수, 차를 타고 달리는 내내 한쪽으로 끝없이 이어지는 넓은 바다, 창문을 여니 불어오는 청량하고 시원한 공기. 생각 외로 강진이라는 곳은 산과 들, 계곡과 바다 등 우리 부부가 항상 노후를 꿈꾸며 바랐던 자연환경을 다 갖춘 곳이었다.

숙소로 향하는 내내 몸과 마음이 정화되는 느낌을 가득 안고 예약한 '내미농박'에 도착하니 노년의 두 부부께서 마중을 나와 아주 반갑게 맞이해 주셨다. 깨끗하게 정리된 방에 짐을 풀고 난 후 상상도 못 한 진수성찬을 저녁으로 준비해 주셔서 농박 사장님 부부와 우리 부부는 첫날부터 시간 가는 줄 모르고 잔을 기울이며 며칠 밤을 형제처럼 보내게 되었다. 농박 사장님은 긍정의 끝판왕이셨고, 상상을 초월하는 사장님의 능

력과 친화력은 내내 우리 부부를 정말 놀라고 즐겁게 해 주셨다. 덕분에 그 지혜를 많이 배우고 오는 특별한 의외의 경험이었다. 다음 날의 여행 일정도 상세하게 알려 주시고 직접 가꾸신 농작물과 해산물로 산해진미를 맛보게 해 주신 건 물론, 우리가 강진을 떠난 후에도 머물 당시 맛있게 먹었던 김치를 몇 번이고 택배로 보내 주시며 서로의 안부를 묻고 지내는 특별한 사이가 되었다. 여러모로 깊은 정을 느끼게 해준 강진의 농가에서의 추억은 이런 프로그램이 없었다면 경험하지 못할 신의 한 수였다고 생각한다.

강진에 머물며 큰 산과 계곡, 들판과 바다, 모든 게 다 갖추어진 환경에 내내 감탄하며 많은 곳을 둘러보았지만 고려청자의 본원지가 강진이라는 것을 처음 알게 되었다. 고려청자 체험과 해설을 들으며 돌아본 박물관이 특히 인상적이었고 고려청자에 대해서 많이 배우고 오는 계기가 되어 너무 좋았다. 어두운 밤 멋지게 빛나던 마량항, 외로이 떠 있는 가우도에서의 여러 가지 체험 등 강진에서의 일주일 살기는 타 시군에 비해 서류나 절차도 복잡하지 않았고 다시 가보고 싶은 곳으로 마음속에 깊이 자리매김했다.

숨겨진 보석 강진을 발견한 인생 여행

유창선

푸소 농가 정보
보금자리,
명선하우스

몇 년 전까지만 해도, 강진을 한 번도 가본 적이 없었다. 유홍준의 『나의 문화유산답사기』에서 강진을 '남도 답사 일번지'라 했던 것은 기억하고 있었지만, 강진은 저 먼 곳으로만 남아 있었다. 그랬던 우리 부부가 팔순을 넘긴 장모님까지 모시고 일주일이나 가 있게 된 것은 '강진에서 일주일 살기' 프로그램 덕분이었다. 강진의 푸소 농가에서 생활하며 이곳저곳 다니는 여행은 강진 속 구석구석으로 깊이 들어가는 독특한 매력이 있었다. 화려하고 요란하지는 않지만 찾아가서 보면 더없이 아늑하고 푸근한 느낌을 주는 곳, 세상 밖으로 도드라지게 나와 있지는 않지만 찾아가서 들어가 보면 마치 비밀의 정원 같이 숨겨져 있는 보석 같은 곳. 그것이 내가 일주일 동안 느꼈던 강진이었다.

강진은 기대 이상으로 빼어난 여행지였다. 여행에서 내가 가장 우선하는 것은 좋은 길을 많이 걷고 잘 먹는 일이다. 반갑게도 강진에는 걷고 싶은 길이 무척 많았다. 계곡을 끼고 오른 월출산의 수려함은 '호남의 소금강'이라고 부르는 이유를 알 수 있게 해 주었고, 주작산 정상에서 내려다보는 남해의 풍경은 능선길 따라 마냥 걷고 싶은 욕심을 불러일으켰다. 다산초당까지 가는 길, 다시 다산초당에서 백련사까지 가는 호젓한 오솔길은 온갖 상념들을 내려놓고 걸을 수 있게 해 주었다.

강진다원의 백운동 원림으로 내려가는 작은 숲길, 강진만 생태공원에 나 있는 남파랑길, 병영 한 골목 옛 담장 길, 가우도로 가는 출렁다리 길. 이 모두가 걸으면서 "참 좋다"라는 말이 절로 나오는 길들이었다. '걷기의 역사가 생각의 역사를 구체화한 것'이라고 리베카 솔닛이 말했듯이, 함께 걷는 가족을 향한 사랑과 내 삶을 많이 생각할 수 있었다. 특히 2019년 2월에 뇌종양 수술을 하고 오랜 투병의 시간을 거쳤던 내게는, 다시 일어나 걷는 강진의 길들이 더 없는 치유의 힘을 주었다.

강진의 먹거리는 소문대로 훌륭했다. 특히 인상적이었던 것은 푸소 농가에서 차려주는 밥상들이었다. 6박 7일 동안 농가에서 6회의 조식과 2회의 석식이 제공되었다. 농가에서 직접 경작한 재료들로 차려진 풍성한 밥상은 진정 '남도의 맛'의 진수를 보여 주었다. 아무리 비싼 돈을 주고 사 먹어도 그 정겨운 기분과 만족스러운 맛은 비할 바가 아니었을 것이다. 마량항에 갔을

때는 식당에서 병어조림과 낙지탕탕이를 주문했다. 서울에서는 그렇게도 비싸고 귀한 남해산 낙지탕탕이를 질리도록 먹은 일은 처음이었다. 장모님은 낙지탕탕이를 먹으면서 병으로 일찍 돌아가신 장인어른이 김 거래를 했던 이야기를 해주셨다. 김을 사기 위해 이렇게 먼 마량항까지 다녔다고. 아내도 난생처음 듣는 얘기였다고 한다. 나이가 들어서도 여행은 부모 자식 간의 사이를 그렇게 좁혀 준다.

오래전 농촌에서 살았던 장모님은 농가에서의 일주일을 너무도 행복해하셨다. 농가에 심어진 농작물 하나하나에 관심을 갖고 옛 시절의 추억을 떠올리는 기쁨을 만끽하시는 모습이었다. 체험을 마치고 장모님은 동네 친구분들에게 딸, 사위와 함께 강진에 다녀온 얘기를 했더니 그렇게들 부러워하더라고 연일 자랑의 전화를 걸어오셨다. 강진의 무엇이 가장 좋았냐고 여쭤보니, "다 좋았지!"라고 신나서 대답하신다. 특히 농가의 밭에서 키우던 열무도 뽑고 상추도 뽑아 가져올 수 있게 해 준 농가 주인 부부의 정겨운 마음이 특히 좋았다고 하신다. 장모님은 강진에 가면 친정에 간 것 같다고 말씀하신다.

그 뒤로 우리 가족 모두 강진이 너무 좋았다고 입버릇처럼 말하곤 했다. 이제는 걷는 것도 힘들어하시는 장모님을 위해 다시 한번 강진을 모시고 가야겠다는 생각을 하고 있었다. 마침 지난 10월 강진 푸소 홈커밍 데이가 있기에 다시 신청해서 다녀왔다. 장모님은 고향이라도 온 듯이 즐거워하셨다.

여행 중에도 시간이 지나면 잊히는 여행이 있고, 두고두고 추억으로 남는 여행이 있다. 우리 가족의 강진 여행은 후자의 것이 되었다. 나중에 언젠가 장모님이 돌아가신다면 우리 부부는 아마 강진 여행의 추억을 떠올리면서 장모님 얘기를 하게 될 것만 같다. "그때 정말 좋아하셨는데" 하며 말이다.

체험 삶의 현장, 강진편

윤재영

푸소 농가 정보
바다가 보이는 집

34년간의 오랜 직장 생활을 마치면서 오랜만의 자유와 해방감을 느끼고자 가장 먼저 내가 선택한 것은 '강진에서 일주일 살기'를 하는 것이었다. 아내는 직장을 다녀야 했기에, 나와 뜻이 맞는 고등학교 때 친구와 같이 부푼 기대를 갖고 강진으로 힘차게 길을 떠났다. 첫날 강진군문화관광재단에 들러 기본적인 체크를 한 후, 우리가 선택한 푸소(FU-SO) 숙소로 이동하면서 드디어 강진에서 일주일 살기가 시작되었다.

이곳저곳 강진 둘러보기

첫째 날 들른 강진만 생태공원 갯벌에는 짱뚱어와 작은 게들이 바글바글하고, 갈대숲 사이에서는 이름 모를 새들의 지저귀는 소리로 가득하다. 팍팍한 도시에서만 줄곧 살아온 우리로서는 이런 일상적인 풍경에도 대번 가슴이 탁 터지는 느낌이 든다.

둘째 날은 강진의 대표적인 문화 유적인 다산초당과 백련사에 들렀다. 다산초당에서 백련사 가는 길은 예전에 왔을 때는 동백꽃이 참 예뻤던 길로 기억을 하는데, 이날은 벌써 여름 날씨라 땀도 많이 나고 은근히 힘도 들었다. 다행히 백련사 매점에서 아이스크림을 팔고 있는 걸 보고 우리는 팽나무 아래 그늘에 자리를 잡았다. 그리고 지금까지 먹었던 아이스크림 중 가장 맛있고 시원한 아이스크림을 먹었다. 되돌아오는 길에 깃대봉에도 올라 먼발치로 펼쳐진 만덕산 주 능선과 강진만의 멋진 풍경을 감상할 수 있는 행운도 얻을 수 있었다.

5일 차에는 강진과 영암에 걸쳐 있는 남도의 명산 월출산을 올랐다. 산에 오르기 전 푸르게 펼쳐진 녹차 밭을 지나 백운동 원림에도 잠시 들렀는데, 원림 마당에는 그날따라 빨간 접시꽃이 활짝 피어 있었고, 근처 숲에는 대나무가 시원하게 쭉쭉 뻗어 있는 모습이, 다산 정약용 선생이 이곳 경치에 반할 수밖에 없었던 이유를 알 수 있었다.

이제 경포대 주차장에 차를 세워놓고 산을 올랐다. 처음에는 계곡 길을 따라 길이 완만하게 이어지지만, 어느 정도 오르니 급경사가 시작된다. 특히 마지막 500m의 길은 심한 급경사 계단이 이어진다. 비지땀을 흘리며 한 발 한 발 걷다 보니 드디어 천황봉! 역시 땀 흘린 보람이 있었다.

사방이 확 트인 아름다운 주변 풍경을 보고 있노라니 내려가

고 싶은 마음이 생기질 않아 꽤 오랜 시간을 정상에서 보냈다. 참, 가우도에도 갔다. 그다지 크지 않은 섬이라 산책 삼아 천천히 한 바퀴 돌다가 두꺼비 바위(왜 내 눈에는 두꺼비로 보이지 않을까?)도 보고, 영랑 선생 옆에서 멋진 포즈로 같이 다정하게 사진도 찍었다.

강진의 맛있는 음식 맛보기

우리가 머물렀던 숙소는 강진만 바닷가에 위치한 '바다가 보이는 집'이었다. 어부인 주인 부부는 새벽에 낙지를 잡으러 나가셨는데, 그러다 보니 식사 메뉴는 낙지탕탕이, 낙지무침, 낙지덮밥과 같이 낙지로 만든 음식은 물론 굴비구이, 참돔구이, 게를 넣어 끓인 국, 참소라, 바지락국, 갑오징어 숙회, 붕장어탕 등 평소에 우리가 접할 수 없는 음식들이었다. 당연히 맛

도 기가 막혔다.

그 외에 강진 여행을 하면서 먹었던 맛있는 음식은 마량향물회(주인분이 임영웅 팬이라 여기저기 임영웅 사진이 많이 붙어있었던 기억이 난다), 운전 때문에 술을 마시지 못해 아쉬웠던 병영마을 돼지불고기 백반, 겉은 허술해 보였지만 맛은 진국이었던 바지락회 무침 백반집이 기억에 남는다.

기억에 길이 남을 다양한 체험

고려청자박물관에서의 도자기 체험(사실 박물관 나무 그늘에서 잠시 달콤한 낮잠을 잔 게 더 좋았다), 오감통 거리에 있는 음악창작소 스튜디오에 들러 살짝 긴장까지 하면서 불렀던 음반 체험도 신선했지만, 역시 강진에서 일주일 살기에서의 백미는 주인 부부와 같이 배에 올라 낙지를 잡은 일이었다.

낙지 잡는 현장에 같이 가도 되겠냐는 우리의 부탁에, 주인부부는 흔쾌히 허락을 해 주셨고 드디어 함께 배에 올랐다. 다들 우비로 갈아입고 전날 통발을 설치해 놓은 곳에 이르러 작업을 시작한다. 선장님은 밧줄에 차례대로 끌려 올라오는 통발에 묻은 펄을 호스를 켜 물로 씻어 내고, 친구는 낙지가 들지 않은 빈 통발이나 낙지를 꺼낸 통발을 주인아주머니께 전달해 주고, 나는 미끼로 쓸 게 중에서 살아있는 게만 따로 선별했다. 죽은 게는 낙지가 먹지 않는다고 한다. 주인아주머니는 미끼로 쓸 게를 통발에 매달았다. 바닥에 쭈그려 앉아 게를 선별하다 보니 시간이 갈수록 허리는 아파 오고, 게가 얼마나 빠른지 순식간에 이리저리 도망가는데 산 게인지 죽은 게인지 구분도 쉽지 않았다. 통발을 정리하는 친구 얼굴에는 이미 흙이 덕지덕지 묻어 있는 게, 〈체험 삶의 현장!〉이 따로 없었다.

강진, 매년 여름이면 그곳으로 나를 이끄는 그곳

이나리

푸소 농가 정보
온새미로

강진은 처음 들어 본 지역이었다. 전라남도 강진! 한 번도 가 볼 생각도, 검색해 볼 생각도 없던 내게 우연히 인터넷에서 본 '강진에서 일주일 살기' 프로젝트는 순식간에 나를 끌어들였다. 내가 모르는 지역에서 일주일을 살아본다, 라. 왠지 더 흥미롭고 재밌을 것 같다는 생각이 들었다. 그렇게 7월에 갑작스레 계획을 세워 2020년 8월 첫 강진을 만나게 되었다.

강진에서 일주일간 살게 된 숙소는 '온새미로'였다. 일단 여러

푸소들 중에서 한옥이라는 점이 매력적으로 다가왔고, 숙소 옆에 있는 푸른 꽃과 나무들이 여름의 우리를 한껏 끌어당겼다. 여행을 가면 가장 걱정인 것이 잠자리랑 아침 식사인데 일주일 살기 프로젝트 자체에서 좋은 숙소를 연결해 주고, 아침과 저녁까지 차려 주시니 여행을 온 건지 시골 할머니 댁에 놀러 온 건지 헷갈릴 지경이었다. 여러 끼의 식사를 준비해 주시는데도 매끼 반찬이 다 달랐고, 아이들과 같이 한 여행이다 보니 아이들이 있다는 걸 보시고는 아이들의 입맛에 딱 맞는 소시지, 어묵볶음 같은 반찬도 준비해 주셨다. 식구라고 함은 밥을 같이 먹는 가족이 아닌가! 마치 식구들 식사를 챙기는 것만큼 마음을 담아 챙겨 주시니 하루하루가 즐거울 수밖에 없었다.

강진에서의 첫 관광지는 숙소 가는 길에 보았던 사랑구름다리였다. 산 중턱에 비가 한가득 온 뒤라 안개와 함께 오롯이 자리 잡고 있던 다리는 멀리서 볼 때는 신비로운 공간이었다면, 막상 올라가 보니 스릴 넘치는 공간이었다. 가운데 사랑 가득한 하트는 예뻤고, 그 다리 아래로 내려다보이는 풍경은 직접 보지 않으면 느끼지 못할 웅장함이 있었다.

그리고 미리 신청해 놓았던 음반 녹음 프로그램! 오감통 전남음악창작소에 나만의 음반을 만들어 평생 간직할 수 있게 해 주는 특별한 경험이었다. 이어폰을 끼고 반주를 들으며 가사를 보고 진짜 가수처럼 노래를 불렀다. 세 아이들은 「내가 바라는 세상」, 「숫자송」, 「백 명의 위인들」을 골랐고, 남편이 부른 「다 줄거야」까지 총 4곡의 노래를 녹음했다. 한 달 뒤에 이메일을 통해 노래 파일을 받았는데 그 순간의 추억이 음악으로 생생하게 저장되어 있었다. 받은 녹음 파일은 어떤 가수가 부른 노래보다 나에게 솔직하고 감동적인 노래로 남았다.

강진 하면 빼놓을 수 없는 중요한 곳, 가우도! 출렁다리를 통

해 섬으로 들어가고 그 섬에서 제트보트, 짚라인까지 탈 수 있으니 바다의 풍경을 누리고 싶은 감수성 많은 이들도, 뭐든지 짜릿짜릿한 재미를 추구하는 이들도 모두 만족할 수 있는 곳이었다. 우리는 아이들과 함께 제트보트를 탔는데 부웅 소리와 함께 달려나가는 그 파도와 물살이 가르며 보이는 하얀 일렁임을 잊을 수가 없다. 신나게 제트보트를 타고 가우도에서 나오는데 갑자기 소나기가 쏟아졌다. 비가 오면 가려던 나만의 '히든 카드' 장소를 갈 때인가? 우리는 가우도 근처에 있는 한국민화뮤지엄에 갔다. 민화에 대해서 해설사 선생님이 작품 하나하나를 설명해 주시니 평소 그림에는 관심이 없던 아이들도 너무나 열심히 듣고 그림을 살펴보았다. 한국민화뮤지엄은 아이들이 직접 보고 만들고 느낄 수 있는 교육적인 장소였다. 게다가 그 옆에는 강진 고려청자 디지털박물관까지 있으니 아이들에게 의미 있는 여행을 선물해 주고 싶은 부모님들께는 딱이었다.

여행 마지막 날 들른 전라병영성. 그냥 성터만 남아 있다고 생각해서 아이들과 갈 만한 곳일까 고민했는데 들렀다 오지 않았으면 너무나도 아쉬웠을 곳이었다. 마을을 지키기 위한 성벽이 이렇게 멋있을 일인가! 아이들은 성벽의 4대 문을 다 찍고 오겠다며 그 더운 여름날 땀을 흠뻑 흘리며 한 바퀴를 다 돌고 왔고, 노을 진 풍경과 마을을 지키기 위한 성터의 모습이 너무 잘 어울렸다.

강진은 나에게 따뜻한 곳으로 남았다. 일주일 살기 프로그램을 통해 너무나 편하고 즐겁게 잘 지내다 온 할머니 댁처럼 포근한 곳! 특별한 가족여행의 기억을 남겨준 곳! 장소 하나하나 정겹고 특별했고, 역사적 의미가 가득한 곳이라 배울 점도 많은 곳이었다.

다사롭고도 충만한 그곳, 강진

이윤숙

푸소 농가 정보
토가

낯선 사람과 땅, 냄새와 온도에 유달리 민감한 나에게 낯설음이 숙어진 시간은 언제부터였던가. 주변을 돌보느라 에너지가 고갈되었던 시간이 잦아들고, 마침내 스스로를 들여다볼 수 있는 시간이 내게도 닿았기 때문일까. 따스한 문장이 실린 책을 읽다 보면 절로 마음이 데워져서 문장들 사이에 눅눅해진 마음을 누이고 싶어지는데, 나에게도 이제 그런 곳이 생겼다. 위로를 주는 향기롭고도 따스한 그런 곳! 바로 강진!

동해 바닷가마을에서 남쪽 땅으로 길을 떠나기란 쉽게 엄두를 내기 힘든 거리이기에 늘 가슴속에 품고만 있었다. 우연한 기회에 강진 푸소를 알게 되어 마음속에 품고 있던 남녘땅을

만날 절호의 기회라 여기며 식구와 함께 떠난 여행길!

황토벽돌로 지은 별채 숙소, '토가'. 늦은 저녁 도착인데도 미리 보일러로 데워진 실내에는 세월이 빗겨 간 듯이 고운 자태를 지닌 안주인의 따스한 배려가 감돌았다. 공직 생활을 마치고 농사를 짓는다는 바깥주인의 서산 마애불을 닮은 선한 표정과 플루트를 전공한 따님이 연주하는 음악이 감도는 듯한 단란한 가정의 분위기에 그저 마음이 편안해졌다. 질박한 황토방은 아파트에서는 느끼지 못할 소박하고 아늑한 느낌이어서 절로 단잠에 들 수 있었다. 새벽부터 나직하게 내리는 가을비가 운무처럼 감싸 안은 병영들판의 매혹적인 색감에 마음이 말랑해지면서 '이것이 바로 강진 푸소의 참 이야기지' 하면서 고개를 끄덕였다. 새벽마다 가까이 있는 하고저수지를 산책하면서 두터운 안개에 싸인 전라병영성의 실루엣을 바라보며 담았던 느낌

들을 어떻게 설명할 수 있을까? 홍예다리를 건너 바람만이 누비고 있는 한량없이 광대한 병영성벽을 거닐 땐 동학농민군들의 함성 소리가 환청처럼 들려오는 듯 여겨졌다. 하멜의 이야기가 깃든 마을의 돌담을 보면서 돌 하나, 나무 한 그루라도 묵묵히 지켜보았을 시간의 두께가 묵직하게 다가왔다.

음식 이야기가 빠지면 섭섭하다. 장금이 안주인의 손맛이 밴 음식은 먹는 내내 속이 편안해서 그 시절 엄마가 나를 위해 바지런히 만들어 주었던 온기를 지닌 집밥 그대로였다. 간이 세지 않아 슴슴하면서도 소탈하고 감칠맛 나는 갖가지 반찬과 토종닭찜, 김치찜, 전복죽, 소고기뭇국에 친정인 제주의 갈치와 고등어, 흑미 찹쌀로 만든 윤기 흐르는 밥이 놋그릇과 청자 그릇에 온전히 담겨 나올 때의 감동이라니. 일상이 식사 준비의 연속인 주부의 입장에서는 그 노고와 정성이 몇 배나 더 감사히 다가왔다. 손수 가꾼 채소로 만든 반찬들의 싱싱함과 정갈한 맛, 아침마다 과일이며 군고구마, 떡 등의 간식을 챙겨주셔서 발길 닿는 곳마다 맛나게 먹었던 정겨운 맛은 두고두고 잊지 못하리라. 내리는 빗속에서 맛본 병영 불금불파의 연탄불고기도 색다른 경험이었다. 갯것과 너른 들판의 물산 풍부한 땅이라 미각이 발달할 수밖에 없었으리라 여기며 찾아간 아무 식당에서나 따숩고 은은한 환대와 감칠맛 나는 풍성한 음식을 마주할 수 있어서 만족감이 아주 컸다.

늘 마음속에 그리던 다산초당을 찾아간 날. 초당과 동암, 서암, 다조, 연못, 흑산도에 유배 간 형 약전을 그리던 천일각을 보고 백련사 가는 길을 거닐었다. 어찌나 저술에 몰두했던지 팔이 움직여지지 않아 끈으로 묶어가며 집필했다던 그 많은 저술의 현장을 눈에 담을 수 있음에 그저 숙연했던 시간들. 한 획 한 획 선생이 정으로 쪼았을 정석 글자가 새겨진 바위를 어루

만지니 저절로 눈에 안개가 서렸다. 다산 개인으로서는 지극히 불행하고 참담한 강진의 시절이었지만 그의 저술이 후대에 크나큰 울림으로 남아 있음에 그저 감읍할 따름임을. 다산박물관에서 부인 홍 씨의 치마로 만든 하피첩과 마주했을 때는 왜 그리 울컥했던지. 학자들은 나라가 위태로울 때마다 다산의 사상은 더 빛이 나고 혜안을 제시해 준다고 이야기한다. 유배지에서 서당을 열어 제자를 이끈 이들도 많았지만 유달리 다산을 흠모하며 해배 후에도 계를 조직하여 끈끈한 사제의 정을 나눈 강진 제자들의 심성이 참으로 귀하고 소중하게 다가온다. 강진이라는 땅의 기운이 키운 사람들이 지닌 다사로운 마음가짐처럼 뭉클한 이야기. 다산의 체취가 남아 있는 바위들과 나무, 풀꽃 하나하나 눈을 맞추고, 소슬한 바람 소리와 물소리, 새소리를 들으며 오래오래 바장였던 서늘하고 푸르른 초당의 기억이 연둣빛 바람이 되어 어느 날 나를 일으켜 세우리라.

드넓게 펼쳐진 강진만 갈대숲에서 일렁이는 숱한 그리움들을 보았지. 넓은 날개를 펼친 새들, 짱뚱어, 칠게, 도둑게들과 함께 보낸 영혼의 마디가 자유로워졌던 시간들. 눈길 닿는 곳마다 매혹적이었던 마량항, 이른 아침의 담백한 무위사의 한없이 깊은 정적과 아름드리 느티나무, 백운동 원림의 마루에 앉아 말없이 쏟아지는 가을 햇살을 바라보고, 강진설록다원의 푸르름과 월남사지의 단아한 돌탑의 어깨 위로 빗겨 보이는 월출산의 호쾌한 능선을 실눈으로 바라보는 호사를 누렸지.

서부해당화가 피는 4월이 오면 다시 또 가고 싶은 그곳. 다사롭고도 충만한, 자꾸 마음을 끌어당기는 땅 강진!

생의 마지막 여행을 강진에서

이주연

푸소 농가 정보
초당골한옥, 비비안네 사랑채

유홍준 선생의 책을 빌어 말하지 않더라도 강진은 언제나 나의 최애 여행지 중의 하나였다. 백련사 붉은 동백이 속절없이 떨어지던 어느 해 늦겨울, 다산을 찾아가던 초의 선사의 마음으로 다산초당으로 가는 고갯마루 길을 걸었던 아름다운 기억이 있다. 언젠가 강진이란 고을을 찬찬히 느껴보고 며칠이라도 머무르고 싶다는 생각을 했는데 기사에서 '강진에서 일주일 살기'라는 프로그램이 있다는 것을 보고 얼마나 기뻤는지 모른다.

25년을 미국에서 생활한 시누님과 평생을 몸을 써서 살아오신 시아주버님과 남편과 함께 작년 10월 햇살 좋은 가을날 방

문한 강진 고을, 갈대밭의 속살거리는 바람과 덱 길의 산책로가 아름다운 강진만 생태공원은 아침저녁으로 걸어보고 싶은 명소였고 갯벌의 짱뚱어와 이름 모를 생물들은 신기함 그 자체였다.

원형이 보존된 전라병영성의 성곽과 하멜의 흔적을 기록한 하멜기념관과 아름다운 돌담길, 육지와 섬을 연결하는 청자 다리를 건너 걸어가는 섬 가우도도 아름다운 강진만을 감상하기에 더할 나위 없이 좋은 명소였다. 섬 한 바퀴를 걸어서 둘러보는 것도 반나절 보내기에 적합한 코스였다. 강진 원도심의 영랑생가의 아름다운 은행나무와 한국 현대 시인들의 시비를 감상하고 민박집 주인장이 추천한 추어탕을 맛보는 것도 남도 음식을 접해보는 좋은 기회였다. 강진만 마량항의 저녁노을과 토요 수산물 시장, 강진 재래시장의 오일장 구경도 강진 살이 중 빼놓을 수 없는 일정이었다. 그중에서도 가장 마음에 남는 곳은 월출산이 바라보이는 야생 녹차 밭과 왕대숲, 그 속에 간직한 비밀의 정원 같은 백운동 원림은 담양의 소쇄원, 보길도의 세연정과 함께 호남의 3대 정원이라니 가히 강진 여행의 백미로 꼽아도 손색이 없을 정도였다.

강진을 베이스캠프로 장흥의 편백나무 숲, 목포의 갓바위, 해남의 공룡 박물관, 진도의 아름다운 운림산방과 진도타워, 이순신 장군의 명량대첩 미디어 영상을 보고는 나도 모르게 박수가 저절로 나오는 짜릿한 감동도 맛보았다.

3박을 보낸 '초당골 한옥'은 다산초당과 접근성이 좋고 볕이 잘 드는 한옥으로 정갈한 음식과 마당의 진돗개 백희와의 교감도 좋은 추억이었다. 방문을 열면 보이는 감나무와 가을 꽃들, 이웃집의 돌담들과 새소리 외에는 사방이 고요함이 도시에 찌든 우리에게는 '쉼'이라는 것을 느끼기에 충분했다.

들판 한가운데 있는 '비비안네 사랑채'에서 묵은 3박도 잊을 수 없는 추억을 만들기에 충분했다. 밤이면 칠흙 같은 어둠에 별이 쏟아지고 끼니마다 새롭고 고급스러운 남도 음식은 탄성을 부르게 했다. 귀한 대접을 받는 느낌이 드는, '격조 있는 상차림'이라는 표현이 적합한 먹거리들에 시누님과 아주버님이 나에게 고맙다고 말씀하시며 기뻐하는 모습이 아직도 마음에 남아 있다. 고생으로 일관하고 평생 변변한 여행 한 번 못 하신 아주버님은 작년 가을 강진 여행을 마지막으로 올봄 하늘나라로 먼 여행을 떠났다. 병상에서도 강진을 너무 좋았던 곳으로 추억하시며 죽음을 담담히 받아들이시는 모습이 아직도 눈에 선하다.

지난해 가을 강진 살기는 여러모로 우리에게는 잊히지 않는 좋은 추억들이다. 조금은 어려운 시댁 식구들과의 여행이지만 가길 너무 잘했다는 생각과 함께 내년 봄 무위사 가는 길 벚꽃이 만발하면 기필코 또 강진을 찾으리라 다짐해 본다. 지난번에 못 가 본 신안 섬 투어도 꿈꾸어보며 남편을 하늘나라로 떠나보낸 손윗동서와 함께 꼭 벚꽃길을 걸어 보고 싶다.

은퇴 후 강진에 정착하고 싶은 세 가지 이유

이해원

푸소 농가 정보
명선하우스

2023년을 마무리하며 한 해 동안 열심히 일했던 우리 부부에게 상을 주고 싶어 '강진에서 일주일 살기 프로그램'을 신청했다. 특히 올해 12월 말로 만 38년간의 직장생활을 마감하는 나에게는 은퇴 후의 삶을 계획하고 미리 체험해 보는 시간이기도 했다. 은퇴 후 이듬해부터 우리나라의 여러 지방을 돌아다니면서 한 달~일 년 살기를 해보고 싶은 마음이 있었던 터라 미리 강진에서 일주일 살기를 해 본다면 도움이 될 거라고 생각했다. 6박 7일의 여행을 마치고 앞으로 기회가 된다면 강진군에 정착하고 싶다는 생각을 했는데, 그 이유를 세 가지로 정리해 본다.

첫 번째, 도시인이 시골에 정착하기 위해서는 지역주민뿐만 아니라 지자체의 적극적인 지원이 필요하다고 생각한다. 그런 측면에서 강진은 도시인이 낯선 곳에 내려와서 여행을 즐길 수 있도록 전폭적인 도움을 주는 곳이었다. 강진군문화관광재단 담당자님은 여행객이 대하는 첫 번째 얼굴인데, 우리 부부를 굉장히 반가운 얼굴과 친절한 자세로 대해 주셨다. 강진군을 진심으로 홍보하고 낯선 곳에 온 여행객을 도와주려는 담당자님의 모습에서 우리는 굉장히 감동을 느꼈다.

두 번째, '강진에서 일주일 살기 프로그램'에는 숙소 및 조식 6회와 석식 2회가 포함되어 있는데, '명선하우스' 주인 내외분께서는 마치 친정엄마, 아빠처럼 우리 부부를 세심하고 정성스럽게 배려해 주셨다. 숙소는 A형의 사장님과 B형의 사모님의 특성에 맞추어 운영되고 있다. 꼼꼼하고 세심한 성격의 사장님께서는 텃밭을 포함해 정원 관리를 담당하시는데, 다양한 나무와 꽃들이 어우러져 있어 마치 식물원에 온 듯하다. 향나무, 동백나무, 포도나무, 능수버들나무가 벽처럼 둘러 심겨 있고, 중간중간에 장미, 허브꽃, 쑥, 버섯, 박나무, 지팡이나무 등도 있다. 식물마다 푯말에 이름과 설명을 적어 놓으셨기 때문에 도시인이 배우고 이해하기에 아주 좋았다. 밝고 명랑한 성격의 사모님은 식사나 청소를 담당하시는데, 프로페셔널한 직업의식이 굉장히 뛰어나셨다. 일주일 내내 마치 한정식을 먹는 것처럼 정갈하고 푸짐하게 차려 주시는 음식을 먹느라 행복한 고생을 했다. 식사하는 동안 같이 나누는 대화를 통해 우리는 시골에서의 삶을 간접적으로 체험할 수 있었다.

세 번째, 강진은 우리 부부가 가장 좋아하는 취미인 트레킹(걷기)과 골프가 가능한 지역이기 때문에 매력 만점의 도시였다. 가장 첫 번째 일정으로 '호남의 금강산'이라 불리는 월출산

(809m)의 출렁다리를 올라갔다. 숙소에서 약 20분 거리의 천황탐방지원센터에서 출발해 천황사를 거쳐 구름다리를 보고 바람 폭포 쪽으로 회귀하는 경로를 이용하면 2~3시간이면 충분히 갔다올 수 있는 코스인데, 웅장한 규모와 산세가 정말 아름다웠다. 강진에서 가까운 골프장은 다산베아체, 장흥 정남진(JNJ), 골프존 영암 45 등이 있는데, 다른 곳들은 예약이 어려워서 골프존 영암 45로 다녀왔다. 숙소에서 30~40분 거리에 위치한 정통 링스형 골프장인데, 겨울철에도 녹색인 양잔디와 코스를 따라 흐드러지듯 펼쳐져 있는 갈대가 정말 아름다웠다.

그 외에도, 백련사 동백 숲길, 강진만 생태공원, 가우도를 방문해서 푸르른 하늘과 어우러진 자연과 신선한 공기를 마음껏 만끽했다. 내년 봄에 강진군을 다시 한 번 방문해 보고 싶다는 생각을 하고 있으며, 이번에는 일주일이 아니라 좀 더 길게 살면서 강진군의 자연과 생활을 즐겨보고 싶다.

워킹맘도 푸소(FU-SO)했던 강진여행

이현주

푸소 농가 정보
한실농박, 힐링하우스

3년 전 36개월이 막 지난 아들과 뱃속에 둘째까지 임신한 워킹맘으로 하루하루 사느라 너무나 지쳐있었던 그때, 나는 검색을 하다가 우연히 푸소(FU-SO)라는 것을 알게 되었다. 아니 숙박에 아침, 저녁 집밥까지 주는 곳이 있다고? 여보, 우리 푸소에 가자! 이건 꼭 가야 하는 거라고 강력히 얘기하여 9월 말에 휴가를 쓰고 강진을 가게 되었다.

2019년에 강진만 생태공원에서 하는 강진만 춤추는 갈대축제를 가 본 적이 있던 우리는, 강진에 대해서 좋은 기억이 있었

지만 과연 강진에 즐길 만한 게 충분히 있을까 싶은 생각을 조금 하기도 했다. 바쁘던 때라서 여행 계획은 커녕 짐만 부랴부랴 싸서 출발하게 됐지만, 제일 처음 강진에 도착해 강진군문화관광재단에서 체험안내를 받고는 뭘 할지에 대한 걱정이 없어지게 되었다. 우리 같은 사람들을 위해서 안내 책자에 체험할 만한 것 그리고 가 볼 만한 곳이 한눈에 정리되어 있었기 때문이다.

아이가 있다 보니 체험 위주의 여행을 좋아하던 우리 가족이 할 수 있을 만한 체험이 충분히 있었다. 한국민화뮤지엄에서는 굿즈에 직접 그림도 그려 보고, 고려청자박물관에서 청자 컵도 만들었다. 우리가 만든 컵은 구워서 집으로 보내 주시는데, 받기까지 시간이 꽤 걸렸었다. 처음 만들 때는 그냥 시커먼 흙덩이였는데, 열어보니 어설프게 조각칼로 이것저것 새겼던 흙덩이가 아닌 청잣빛이 너무나도 예쁜 컵이 들어 있었다. 생각지도 못한 선물처럼 느껴졌다. 우리 가족 이름을 새긴 이 컵은 지금도 우리 식탁에서 견과류를 담는 컵으로 자리 잡고 있다. 그리

고 전남음악창작소에서는 아이의 목소리로 상어 가족을 불러 녹음해 보고, 그 녹음 파일까지 보내주시니 다른 데서 할 수 없는 색다른 경험으로 기억에 남았다.

일주일 동안 아이와 임산부가 같이 다니는 여행이라 쉬엄쉬엄 다녔지만 가는 곳곳 너무 좋았다. 눈 돌리는 곳 모두 초록색이 가득해서, 간식 싸 가서 돗자리 펴놓고 구경만 해도 너무 좋았던 강진설록다원, 마치 불교 신자 가족처럼 열심히 돌아다니며 구경했던 남미륵사, 무위사, 월남사지, 또 아이가 무척 좋아했던 영랑생가, 강진호수공원 어린이 놀이터, 그리고 빠질 수 없는 강진 오일장까지 다녀왔다. 다만 꼭 가야 했던 다산초당이 공사 중이었던 건지 들어갈 수 없던 것이 너무 아쉬웠는데, 다산초당과 가우도 짚라인은 다음에 다시 강진에 가야 되는 이유로 남겨두었다.

그리고 이런 여행을 할 수 있게 해주었던 우리의 베이스캠프였던 푸소 숙소. 우리는 '한실농박'에서 3박, '힐링하우스'에서 3박을 했는데 두 곳 모두 너무 좋았다. 한실농박 사장님은 먼저 연락을 주셔서 안 먹는 음식이 없는지, 어디서 오는지 등 신경써 주시고, 강진에 있는 동안에도 세심하게 챙겨 주셨다. 힐링하우스는 사의재와 가까운 곳이라 편했는데, 사장님이 직접 참여 하시는 연극도 숙소 바로 옆이라 저녁 정취를 즐기며 볼 수 있어 정말 좋았다. 미리 후기들을 봐서 진수성찬이 나온다는 것을 알고 있었지만, 맞벌이하며 배달음식으로 대충 때우던 우리 가족이 강진에 와서 손맛 좋은 어른들이 차려주신 건강하고 맛있는 집밥을 아침저녁으로 먹게 되니 정말 Feeling Up Stress Off 될 수밖에 없었다.

나의 두 번째 고향, 강진

정민구

푸소 농가 정보
산정호수, 내미농박, 토가펜션

23개월 아이와 떠나는 첫 번째 장기여행

평소 여행을 즐기던 우리 부부는 정원이가 태어난 이후로는 여행 갈 엄두를 내지 못했다. 아내가 큰 수술을 마친 후, 우리 가족 모두에게 필요한 것은 바로 쉼이었다. 그러던 중, 운명처럼 '푸소'를 알게 되었고, 강진에서의 이주일 살기는 우리 가족에게 '딱' 맞는 선택이었다.

도시에서의 지친 마음과 일상의 고단함을 풀기에 일주일은 너무 짧았고, 이주 간의 강진 살기를 선택했다. 23개월 아이와 처음 가 보는 강진 여행이 두렵기도 했지만, 지역주민의 집에서 머물며 매일 아침 식사와 일부 저녁 끼니를 해결할 수 있다는 점이 큰 안심이었다. 아내와 정원이는 기차로 나주역으로 이동했고, 나는 아침 일찍 자차로 출발해 나주역에서 가족을 픽업해 첫 번째 숙소로 향했다.

산정호수(숙소)에서 맞이하는 평화로운 아침

산정호수에서의 6박 7일은 마음의 평화를 찾는 시간이었다. 매일 아침 제공되는 신선한 조식을 먹으며, 호수를 바라보는 것만으로도 큰 위안이 되었다. 호수의 잔잔한 물결과 함께하는 차 한잔의 여유는 도시 생활의 번잡함을 잊게 해 주었다. 농가에 있는 친근한 강아지와 정원이와의 즐거운 시간은 이곳에서의 생활을 더욱 특별하게 만들어 주었다.

내미 농박의 정감 어린 대접과 전라도의 맛

내미 농박에서의 3박 4일은 가족과 같은 정을 느낄 수 있는 시간이었다. 주인장 내외분은 따뜻한 마음씨로 매일 아침 정원이의 밥을 따로 만들어 주셨다. 특별한 대접을 받으며 주인장 내외분과 보낸 즐거운 시간은 잊지 못할 추억이다. 특히, 지역에서 잡아 올린 싱싱한 수산물을 활용한 요리들은 강진의 풍부한 자원과 문화를 잘 반영하고 있었다.

토가 펜션에서의 맛있는 식사와 특별한 경험

토가 펜션에서의 3박 4일은 입맛을 사로잡는 시간이었다. 전직 식당 사장님이라 그런지 매 식사시간이 기다려질 정도로 훌륭한 전라도의 맛을 느낄 수 있었다.

다양한 '푸소' 프로그램

강진에서의 이주일 살기는 단순한 여행이 아닌, 문화와 예술을 체험하는 여정이기도 했다. 고려청자박물관에서는 청자 컵

만들기 체험을 통해 전통 공예의 아름다움을 직접 느낄 수 있었다. 아이와 함께 만든 찻잔과 술병은 아직도 집에서 유용하게 사용 중이다. 사의재에서는 〈조선을 만난 시간〉 마당극 '다산의 꿈'을 관람하며 조선 시대의 역사와 문화를 생생하게 체험할 수 있었다. 그리고 한국민화뮤지엄에서는 해설을 들으며 민화를 감상하니 감동이 두 배로 전해졌다. 다양한 문화 체험은 강진의 역사와 문화를 깊이 이해하는 데 큰 도움이 되었다.

강진의 다양한 매력

강진은 자연과 역사가 어우러진 곳이다. 남미륵사의 유채꽃은 마음의 평온을 가져다 주었다. 가우도 출렁다리를 걸으며 강진만의 아름다운 풍경을 감상했고, 강진만 생태공원, 세계모란공원의 화려한 꽃과 자연은 눈을 즐겁게 했다. 백운동 원림에서는 전통 정원의 아름다움을, 강진다원에서는 차의 향기로운 맛을 경험했다. 이러한 다채로운 경험은 강진의 매력을 깊이 느끼게 해주었다.

인접 도시로의 잊지 못할 여행

강진에서의 이주일 살기 동안, 우리 가족은 강진 주변의 도시들을 탐험하는 기회도 가졌다. 나주 유채꽃 축제는 화려하게 펼쳐진 유채꽃이 봄의 정취를 가득 담고 있었고, 꽃 사이를 거닐며 찍은 가족사진은 인생샷으로 남았다. 순천만 국가정원 박람회는 다양한 식물과 아름다운 조경으로 우리 가족 모두를 매료시켰다. 정원 곳곳에 조성된 아기자기한 테마 구역들은 각각의 독특한 분위기를 자아냈다.

강진, 마음의 고향으로의 여정

강진에서의 이주일 살기는 단순한 여행을 넘어, 삶의 방향을 바꾸는 계기가 되었다. 지역주민들의 따뜻한 마음씨 덕분에 정원이는 큰 사랑을 받으며 성장했다. 서울에서는 정원이와 함께 소위 핫플레이스에 갈 때 나도 모르게 조심스러운 마음이 앞섰다. 여기가 '노키즈 존'은 아닌지, 옆 테이블 손님에게 방해가 되지 않는지 걱정하며 정원이를 단속하기에 바빴다. 하지만 강진은 도시 자체가 '웰컴키즈 존'이라는 생각이 들 정도로 어딜 가나 정원이를 반겨 주었다.

강진 여행을 통해 나는 서울에서 귀농 귀촌을 꿈꾸는 중이다. 강진에서의 이주일 살기는 내 삶에 큰 영향을 끼쳤고, 푸소를 경험할 수 있게 해준 강진군에 감사드린다. 강진의 매력에 흠뻑 빠져버린 나는 이제 강진을 두 번째 고향으로 여기며, 언젠가는 이곳에서의 삶을 꿈꾸고 있다. 강진의 자연, 문화, 그리고 사람들이 아직도 내 마음속 깊이 자리 잡고 있다.

꽃보다 아름다운 강진愛 물들다

조서환

푸소 농가 정보
초당골한옥

대구에 살고 있는 나는 올해 정년퇴직을 한 사랑하는 아내와 좋은 추억을 만들기 위해 다양한 여행 프로젝트를 추진하고 있었다. 그러던 차에 '강진에서 일주일 살기'를 인터넷을 통해 접하게 되었고 2014년 3월 교육 기간 중 조선의 대표 선비(다산 정약용, 남명 조식, 회재 이언적 선생)를 찾아 천 리가 넘는 길을 한걸음에 갔던 그 기억을 더듬어 아내와 함께 인생 2막 멋진 추억을 만들기 위해 떠났던 강진 여행 마실 한 바퀴 그 설렘을 다시 소환하고자 한다.

아내와 난 여러 번의 여행 프로젝트 경험을 살려 자가용에 한가득 설렘을 싣고 이른 아침에 꽃보다 아름다운 살기 좋은 강진으로 출발했다. 사전 준비에 철저한 아내가 마련한 일주일 살기 계획서가 잘 지켜지길 기대하면서 말이다. 우리는 4시간이 넘는 시간을 자연과 벗 삼아 즐기면서 드디어 강진에 도착했다. 강진 하면 가장 먼저 떠오르는 지명은 가우도출렁다리, 다산초당, 노을 진 마량항, 강진만 생태공원이 아닐까? 그리고 인물로는 실학자 다산 정약용 선생과 모란이 피기까지의 영랑 김윤식 선생일 것이다. 우리는 푸소 농가로 들어가기 전 1일 차 여행지인 가우도로 달려가고 있었다.

아내가 가우도로 들어가는 다리는 대구면 쪽에서 연결된 청자 다리와 도암면 쪽에서 연결된 다산다리, 총 2개가 있다고 했다. 우리는 청자다리를 이용해 가우도와 만나기로 하고 주차장에 도착하니 상쾌한 바닷바람과 잔잔한 파도가 우리를 반기고 있었다. 아내는 지난봄 친구들과 단체여행 왔을 때는 인파가 너무 많아 여행의 맛을 느끼지 못했는데, 한여름이라 여유로운 가우도를 구석구석 인사할 수 있어 감사하다며 종종걸음으로 앞장을 선다. 그 모습에 웃음으로 화답하고 나서 우리는 멋진 추억을 만들기 시작했다.

가우도에 처음 들어선 나는 멋진 포토존에 몸도 맡기기도 하고 모노레일을 타고 청자타워를 방문해 강진 바다의 멋진 뷰를 가슴 속에 가득 담고 아내와 함께 걸으며 자연이 주는 행복, 부부가 서로에게 주는 사랑을 느꼈다. 이 작은 섬에 생명을 불어넣어 관광객을 유치하고 지역경제를 살리며 이곳을 찾는 이들이 행복과 추억을 만들수 있도록 기회를 주신 강진군에 감사하다는 생각을 하며 '초당골한옥' 주인장과의 첫 석식 약속을 지키기 위해 발걸음을 재촉했다.

초당골한옥은 우리 부부가 일주일 동안 살았던 곳으로 어린 시절 내가 부러워했던 큰집을 연상케 하는 고즈넉한 자태를 뽐

내는 전통한옥으로 다산초당 입구에 있으며 서울에서 귀촌한 70대 부부가 자긍심을 가지고 운영하고 있었다. 우리는 일주일 내내 유기농으로 만든 아침 식사를 제공받으며 주인장으로부터 꾸밈없는 강진 이야기를 들을 수 있었다.

둘째 날, 새벽에 일어나 아내를 깨워 다산초당으로 향했다. 9년 전 동기들과 올랐던 기억을 더듬다 보니 그때보다는 주변이 잘 정리된 느낌이 들었다. 유배 속에 핀 다산 선생의 수많은 업적을 다는 알 수 없지만 그분의 정신을 조금이라도 느끼고 싶어 아내의 발걸음을 뒤로하고 먼저 초당 입구에 도착하니 선생의 음성이 들리는 듯했다. 그 자리에서 휴대폰을 꺼내 나도 모르게 「물들고 싶은 님」이란 시(詩) 한 수를 습작했다. 그리고 도착한 아내에게 평을 사정하듯 부탁하면서 우리는 그렇게 또 하나의 추억을 만들어 갔다.

또한, 강진에서 생각지도 못한 호남 3대 정원 중 하나인 백운동 원림을 만난 건 행운이었다. 강진다원 녹차 밭을 배경 삼아 인생샷을 찍다 발견한, 드러누워 있던 백운동 원림 이정표를 발견하고 원림으로 가려고 찾아 헤매다 어렵게 찾아 들어간 정원의 자태를 보고 놀라지 않을 수 없었다. 허리에 계곡을 휘감은 고고함과 과학적인 물 돌림으로 자연과 인공의 조화를 이룬 연못은 신비로움 그 자체였다. 이곳에서도 다산 선생의 발자취를 느낄 수 있었고 선비의 마음으로 바라본 월출산 옥판봉의 비경은 지금도 눈에 선하다. 주변 정비와 홍보를 강화한다면 대한민국을 대표하는 아름다운 정원으로 빛날 것이다.

아내와 난 매일 고려청자와 대화를 한다. 고려청자의 고장인 강진에서 일주일 살기에 빠질 수 없는 체험활동이 바로 청자 빚기 체험이다. 그곳에서 체험한 꽃병은 3개월 후 대구로 배송되어 거실 TV 탁자 위에 둥지를 튼 후 꽃을 품었고, 청자 마을에서 사 온 부부 반상기는 날마다 강진의 멋, 조상의 빛으로 내 밥상을 빛내고 있다. 그렇게 우리 부부 일상의 삶은 강진의 아름다운 빛과 멋으로 물들어가고 있다. 그리고 강진은 나를 인간으로서 더 성숙하게 해 주었다.

지금은 돌아가신 보고 싶은 어머니의 막냇동생인 이모가 단 한 분 광주광역시에 살고 계시는데 몇 년 전 전화 통화를 한 기억이 났기에 강진에 온 김에 꼭 찾아뵙고자 전화를 드렸더니 병원에 입원 중이셨다. 한 번도 가보지 못한 목포 여행을 포기하고 단숨에 병원을 찾아 이모님을 병문안하고 나오면서 자손의 도리를 조금이라도 했다는 생각과 그 길을 함께 해준 아내에게도 너무나 감사할 따름이다.

이렇게 멋지고 '맛'진 만남일 줄이야

조영숙

푸소 농가 정보
바다가 보이는 집, 올바른 농원

아무런 계획을 세우지 않았다. 그저 남녘 햇살에 몸을 맡기고 한가롭게 지내다 오리라 생각했다. 도시의 번잡스러움과 발코니마저 없앤 납작한 아파트 공간이 갑갑해서 마당 있는 한적한 곳이라면 어디라도 좋을 듯 싶었다. '강진에서 일주일 살기' 체험 프로그램이 있다니, 자발적인 유배를 떠나 보자고 친구에게 동행을 권했다. 강진 버스터미널로 마중 나온 농가 안주인은 "우짤라고 차도 없이 왔냐"면서 걱정을 했다. 대중교통으로 푸소 체험을 온 경우는 처음이라 했다. 바삐 다닐 일이 없다고, 그냥 쉬었다 갈 참이라 했다.

앞마당에 싱싱한 배추가 줄지어 자라고 동백나무 울타리 너머로 너른 바다가 펼쳐진 '바다가 보이는 집'. 친구는 100억짜리 바다 정원을 거느린 집 주인을 몹시 부러워했다. 강진에 와서 진정한 부동산 부자를 만났구나. 새벽에 배를 타고 나가 잡은 싱싱한 낙지가 아침, 저녁으로 상에 올랐다. 홈쇼핑으로 냉동 낙지를 주문해 먹는다는 친구는 낙지가 원래 이렇게 달고 부드러운 거냐고, 그동안 나는 뭘 먹었던 거냐고 말하며 눈을 동그랗게 떴다.

시시때때로 달라지는 물빛만 바라보고 있어도 좋을 것인데, 안주인은 머무는 내내 차 없는 우리를 태우고 가이드를 자청했다. 관광객으로서는 쉽게 맛볼 수 없는 체험을 했으니 우리는 비로소 강진의 사람들을 만난 것이다. 귀촌한 분들을 만나 차담을 나눈 날에는 할매들이 모여 계신 경로당에서 고구마(그분들은 감자라 불렀다)를 얻어먹었다. 늦가을 소색이는 햇발 아래 아무렇게나 떨어져 있는 은행을 한아름 줍기도 했다. 바닷물에 실한 은행알을 씻으려고 저무는 방죽길을 걸어가는 나의 뒷모습에서 친구는 잠시 천국의 풍경을 엿보았단다. 유배를 자처한 곳에서 천국의 환상을 본 거야?

'바다가 보이는 집'을 떠나며 안주인에게 다짐을 받았다, 푸소 체험객들이 이어서 오겠지만 우리와 함께했던 일 중 몇 가지는 더는 하지 말라고. 한밤중 고요한 사초리 마을에 울려 퍼진 '빨간 장화의 외로움'은 끝내 우리만의 에피소드로 남아야 하므로. 시문학파 시인 김현구에 대해 이야기해 주던, 내가 만난 첫 어부, 전금이 씨. 그녀는 가슴에 시를 품고 작은 체구로 모진 바닷바람을 감당해 내는 강진 사람. 이렇게 멋지고 '맛'진 만남

일 줄이야!

사흘 머무는 동안 정이 담뿍 든 금이 씨는 두 번째 농가가 '올바른 농원'이라니 보내기가 덜 서운하다고 했다. "워낙 좋으신 분들을 만나게 될 거"란다. 마을로 들어서는 길에서 나무들이 만든 녹색 터널을 지나며 친구와 나는 얕은 탄성을 질렀다. 우람한 팽나무 세 그루가 호위하는 집 마당에는 온갖 푸나무들이 다사로운 햇살 아래 늦가을 정취를 자아내고 있었다.

단정하신 여주인이 편하게 이용하라며 큰 냉장고를 열어 보일 때, 나는 드문 환대의 마음을 읽었다. 직접 담근 여러 가지 과일청에 견과류, 진액에다 맥주와 소주까지 박스 째로 빼곡했으니, 오롯이 푸소 체험객을 위해 살뜰히 챙겨 놓은 그 정성과 넉넉함에 감탄할 수밖에. 푸짐한 한정식 차림의 저녁 식사 자리에서, 그저 쉬다 갈 생각이란 우리 말에는 아랑곳없이, 주인 내외는 대강의 일정을 짜기 시작했다. 강진을 알차게 즐겨야 한다고, 마침 저녁에 하는 국악공연이 있으니 그것도 함께 보자며.

열성적인 강진 전도사 부부는 번갈아 가며 게으른 객들을 태워다 주고 때로는 동행했다. 덕분에 하루는 무위사와 차밭, 백운동 원림을 호젓이 누리고 다향 산방에서 다산, 이시헌, 이한영으로 이어진 녹차의 계보를 읽을 수 있었다. 유배지라면 조밥에 아욱국만으로도 흡족했으련만, 끼니마다 마주하는 정찬은 온전히 대접받는 느낌을 받게 했다. 그 중에도 전어회무침과 삼치회, 황칠백숙은 그야말로 역대급! 두 분이 직접 기른 유기농 키위의 천연 소화력을 믿고 맘껏 즐겼다. 무화과 재배도 한다는데, 올해 좋은 무화과를 못 먹었다 했더니, 끝물 두 개를 겨우 찾아내어 기어이 맛보여 주셨다. 고마운 마음만큼이나 달고 깊은 '올해의 무화과'였다.

수년 전, 강진 땅을 처음 밟았던 날의 잊히지 않는 정경 하나. 한파주의보 속에 서울을 떠나왔는데 강진은 봄날이었다. 박노해 이름이 걸려있던 남녘교회를 지날 때쯤이었던가, 세상의 모든 햇살이 한자리에 모인 듯 주위가 눈부시게 환했다, 마치 한낮의 꿈 속 한 장면처럼. 그날 이후, 언젠가 살고 싶은 곳으로 강진을 마음에 두었다. 짧아서 아쉬웠으나 더할 수 없이 풍요로웠던 강진 살이, 새로 만난 아름다운 이들과 더불어 기회를 주신 강진 분들께 감사드린다.

마음의 고향, 강진과 조우하다

조희진

푸소 농가 정보
명선 하우스,
내미 농박

2020년 가을 나는 강진으로 향했다. 그때의 나는 코로나 블루로 인해 직장도 구하지 못했고, 마음의 여유도 없었던 시절이었다. 무직자라는 꼬리표에 따라오는 지독한 우울증을 겪으며 침대에서 의미 없는 하루를 보내던 나에게 인터넷 사이트에서 본 '강진에서 맘 확! 푸소(FU-SO)'라는 캐치프라이즈를 건 홍보 배너가 눈에 들어왔다. 강진에서 일주일 살기 체험 프로그램은 강진의 농박과 연계하여, 강진에서 일주일을 머물며 깊이 있게 지역을 관광하고 체험할 수 있는 사업이었다.

나는 아무런 고민 없이, 내가 떠날 수 있는 가장 빠른 날로 일주일 살기를 예약했다. 그 때문에 선택할 수 있는 푸소 농가도 한정적이었지만, 가장 끌리는 푸소 농가인 '명선 하우스'와 '내미 농박' 2곳을 선택하여 각각 3일씩 묵기로 하였다. 그리고 여행 가방과 필름 카메라 하나 달랑 챙겨서 강진으로 향했다.

첫 푸소 농가인 명선 하우스로 향했다. 남의 집에 신세를 진다는 생각에 조금 긴장을 했지만, 사장님의 따뜻한 환대로 금세 편안함을 느꼈다. 명선 하우스가 위치한 영랑권역은 읍내와 가까웠고, 교통이 편리한 덕에 자전거를 타고 강진의 이곳저곳을 방문할 수 있었다. 영랑권역이라는 이름의 주인공인 영랑생가에도 가고, 사의재와 강진만 생태공원을 방문하면서 강진의 아름다움을 느낄 수 있었다. 하루를 마무리할 때는 사장님이 준비한 따뜻한 음식과 함께 오늘 하루를 어떻게 보냈는지에 대해서 사장님과 함께 이야기를 나누었다. 그러다가 더 어두워지고 밤이 되면 서울에서 볼 수 없었던 쏟아지는 별빛을 구경하고, 개구리와 귀뚜라미 소리를 자장가 삼아 잠이 들었다.

다음으로 이동한 '내미 농박'은 바다 향기가 가득한 마량면에 위치해 있었다. 청자권역은 영랑권역에서 볼 수 없었던 강진의 또 다른 모습을 볼 수 있었다. 바닷 바람과 특유의 분위기가 굉장히 기세 있고 터프하다고 느꼈다. 첫날부터 내미 농박의 안주인 호남 이모는 우리에게 야경을 보여주겠다며 차를 몰고 가우도에 데려가 주셨다. 그곳에서 강진 숨겨진 이야기와 이모의 사랑 이야기 등을 해주셨고, 우리는 점차 서로 가까워질 수 있었다.

마량면은 항구 도시이지만, 다리를 건너면 완도로 넘어갈 수 있었다. 나는 모래알이 있는 바다를 보고 싶었다. 멋쟁이해

변에 가서 반나절을 보내고 돌아왔다. 마지막 날은 강진에서의 일주일간의 경험을 기록하고자 고려청자박물관에 갔다. 도자기 컵에 나의 내가 느낀 감정들을 담아냈다. 그렇게 마지막 날 밤, 내일 강진을 떠난다는 아쉬움과 함께 언젠가 마음의 평온함이 생겼음을 깨달았다.

강진에서 만난 사람들은 내가 무직자여도, 먼 곳에서 온 이방인이어도 편견 없이 나를 맞아 주었다. 김영하 작가는 『여행의 이유』에서 '여행이 내 인생이었고, 인생이 곧 여행이었다. 우리는 모두 여행자이며 타인의 신뢰와 환대를 절실히 필요로 한다'라고 말했다. 이러한 부분을 나는 여기 강진에서 여실히 느낄 수 있었다.

고작 일주일 살고 왔을 뿐인데 나는 이따금 강진이 그립다. 강진의 밤이 그립고, 바다가 그립다. 명절이 되면 안부를 물

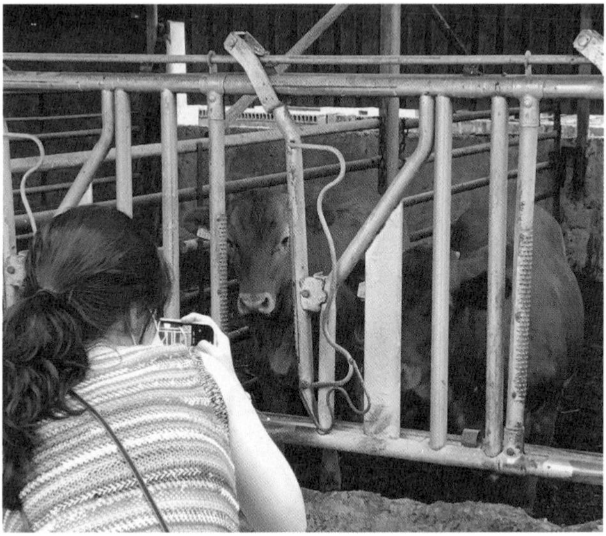

을 수 있는 이모가 생겼고, 강진 이야기가 나오면 나는 마치 강진 홍보대사나 된 양 말하게 되었다. 강진에서의 경험은 일상에 지친 나를 위로하며, '존재한다는 것'을 다시금 깨닫게 해주었다.

"희진아, 살면서 언제든 힘들면 다시 강진 내려와라. 남자친구도 데리고 오면 더 좋고."

힘이 들 때면 언제든 다시 강진에 내려오라는 호남 이모의 따뜻한 말에 괜스레 힘이 났다.

강진, 그 시작은 미비했으나, 내 사랑 청정 강진

진현철

푸소 농가 정보
임이랑 농장

2023년 초가을 어느 날, 특별한 기대 없이 무심코 들렀던 전시회에서 그들을 만났다. 부산 벡스코(Bexco)에서 올해 국제관광 페스티벌이 열렸다. 이곳에서 우연히 만난 강진군은 나에게 충분한 강한 이미지를 심어 주었다. 그 많은 관광 콘셉트 중에 '강진에서 일주일 살기'가 눈에 들어왔다. 집에 있는 아내와 바로 통화를 하며 상의해서 그곳에 등록절차를 밟고, 강진에 갈 그날만을 기다렸다.

11월 7일, 아침 일찍 출발해 약 4시간 정도 달려서 목적지인 강진에 도착했다. 그리고 우리가 머물 숙소로 향했다. 역시나 반겨주시는 '임이랑 농장' 사장님 두 내외분과 인사를 하면서 우리의 강진 살기는 시작되었다. 짐을 풀고, 농장 사장님이 저녁을 일찍 준비해 주신 덕분에 편하게 나머지 짐도 풀고 하루를 마무리했다. 이른 저녁이었지만, 하늘에 별은 완연한 꽃들이 만발하듯 가을 밤하늘을 수놓았다. 금세라도 뚝뚝 떨어질 듯 가깝고 또한 그 엄청난 양의 별은 부산 촌놈을 놀라게 했다.

둘째 날, 일찍 따뜻한 밥상과 더불어 반찬 하나하나 정성스런 차림과 함께 아주 따뜻한, 방금 한 모락모락 김이 솔솔 나는 밥까지 정말 모든 것이 감동적이었다. 임이랑 농장 사장님과 식사하면서 인생 이야기 등 도란도란 이야기를 나누면서 즐거운 아침을 먹었다. 근데 웬걸, 시간 가는 줄도 모르고 약 2시간 가까이 담화를 나누었다. 일정이 조금 어긋났지만, 너무 감

사하고 즐거운 일정의 시작을 알렸다. 10시부터 시작된 우리의 일정은 주작산자연휴양림 전망대까지 올라가 좋은 공기와 뷰가 아름다운 곳에서 눈을 힐링시켰다. 하늘은 왜 이리 높은지, 공기는 왜 이리 좋은지, 산을 뒤로하고 내려와서 가우도섬으로 출발했다. 출렁다리를 시작으로 섬 전체를 도는 길은 약 2.3km였다. 천천히 주위를 누비면서 일반적인 걷기 속도로 섬 둘레를 한 바퀴 산책하면서 적당한 땀도 송송 나면서 즐거운 섬 일주였다. 다음 코스인 석문공원으로 출발했다. 멀지 않은 곳에 주요 관광지가 모여 있어서 이동하기 편했다.

셋째 날은 전날의 후유증(?)으로 인해 오늘은 편하게 세계모란공원을 거닐다가 다산 정약용 선생님의 초당과 백련사를 들렀다. 당시 다산과 백련사 스님과의 청량음료 같은 담화를 상상하면서 즐겁게 가을 길을 걸었다. 강진만 생태공원에서 자전거를 타려다가 만보 걷기로 풍경만을 눈에 담고 오늘은 일찍 집으로 왔다.

넷째 날도 역시 아침마다 푸짐하고 정성스러운 아침밥을 챙

겨 먹고 일찍 나섰다. 전남음악창작소에서 내 노래를 음반으로 작업해 주시는 코너가 있어서 참여했다. 스튜디오에서 멋지게 선창을 하고 아내는 스튜디오 유리 앞에서 박장대소를 하면서 행복한 나만의 음반 작업을 마쳤다.

다음으로 국내에 유일하게 한국민화뮤지엄이 있는 곳이기에 편하게 들렀다. 그리고 지리적으로 가까이, 약 100m도 안 되는 바로 옆에 고려청자박물관이 자리를 잡고 있었다. 역사적으로 고려 시대를 직간접적으로 느끼면서 이곳 역시 도자기 하나하나에 설명을 구수하게 해주시는 해설사 어르신의 밝고 맑은 눈빛은 아직도 기억에 생생하다. 고려청자박물관 바로 옆에 도자기 작업을 조금이라도 경험할 수 있는 작업실이 있었다. 소소한 도전을 통한 즐거운 작업이었다. 이 세상에 하나밖에 없는 개인별 청자 머그컵을 만들었다. 옛날 방식처럼 가마에서 구워서 개별로 전해 준다고 한다. 물론 오는 시간이 3개월 정도 된다고 하지만 문제될 것은 없었다. 슬로우 라이프의 원조인 강진답게, 기대하면서 컵을 건넸다.

다섯째 날은 전라병영성에 가서 마침 활쏘기대회를 한창 하고 있기에 떡도 먹고 따뜻한 차도 먹으면서 관람했다. 하멜기념관과 돌담길을 거닐다가 남미륵사로 갔다. 평야로 형성되어 있기에 남미륵사 부처님상은 어디에서 보더라도 우뚝 선 채 볼 수 있는 절이었다. 수많은 부처님을 만나 쌀도 공양하고 인사를 나누었다. 종교와 관계없이 편안하고 따뜻한 걷기 좋은 곳이었다.

여섯째 날은 호남의 3대 정원 중 하나라고 하는 백운동 원림을 시작으로 강진다원과 무위사와 월남사지 3층 석탑을 보았다. 꾸며지지 않은 듯한 풍경이 절경이었다. 또한 그 당시에 시대적으로 비록 유배를 당했다고 표현하고 싶을 만큼, 나름 바르고 정직한 선비들의 정신을 간접적으로 느낄 수 있었던 것은 강진만이 가지고 있는 특징 중에 하나인 것 같아서 숙연해지기까지 했다. 임이랑 농장 사장님이 마지막 날 저녁까지 차려주신 삼겹살파티는 끝까지 푸소에서 주시는 정성 가득한 음식의 결정판이었다. 많은 담소를 나누고 아쉬운 저녁을 마무리했다.

치유의 동네, 꽃천지 명소천지 강진

진혜정

푸소 농가 정보
꽃뜰,
비비안네 사랑채

치유를 찾아 떠난 동네 강진

몇 년 전 봄에 친정어머니께서 돌아가셨다. 화장하고, 선산에 묻고, 무덤 앞에서 절까지 하고 있는데도 믿기지 않았다. 산에 간 그날따라 봄비가 계속 내려 눈물인지 빗물인지 모를 슬픔이 온몸을 적셨다. 그 뒤부터 나는 봄을 탔다. 올봄에도 괜한 불안과 우울감이 목까지 차올라 있을 때 친구가 '강진에서 일주일 살기'를 제안했다. 나는 두말없이 따라나섰다. 유홍준 교수가 '남도의 봄빛을 보지 못한 자는 감히 색에 대하여 말하지 말라'고 한 곳이 남도 강진이다. 남도의 봄을 보면 마음의 위로가 될까 해서였다.

꽃천지 명소천지 강진, 해남

2023년 5월 22일의 봄은 화창했다. 경남 김해에서 출발해 강진으로 가는 길에 하동 북천을 거쳤다. 북천 직전리 꽃단지 일원에서 '꽃 양귀비 축제'를 하고 있었다. 친구에게 '꽃천지마을 식당'을 추천받았으나 꽃단지 식당으로 착각해 꽃단지 안에 있는 한 식당을 갔는데 맛이 없었다. 꽃단지 일원을 막 벗어나려는데 멀리서 '꽃천지마을 식당' 간판이 보였다. 그제야 잘못 간 걸 알고 일행들은 "어떻게 꽃단지와 꽃천지를 구별 못하노", "아까 거기는 꽃단지고 지금 여기는 꽃천지네"라며 놀렸다.

강진에 도착해서 1일 차에 우리가 간 곳은 시문학파 기념관, 영랑생가, 현구의 길, 타임 카페, 사의재와 동문주막이었다. 동문주막의 바지락전이 특히 맛있었다. 2일 차에는 고려청자박물관, 한국민화뮤지엄도 가 보고, 가우도에서 트레킹과 짚트랙 타기, 청춘 극장통 거리 산책을 한 후, 예향한정식에서 근사한 저녁을 먹었다. 강진사랑상품권을 사서 옷도 여러 벌 구매했다. 3일 차에는 다산초당, 다산박물관에서 정약용의 숨결을 느껴보고 강진 오일장 구경을 했다. 마침 〈태군노래자랑〉 강진 편 녹화가 진행되고 있어 우리는 의자가 놓인 1열 앞인 땅바닥에 자리를 잡고 앉아 나태주와 박군이 진행하는 노래자랑을 직관하는 영광을 누렸다.

저녁에는 사의재에 가 아욱된장국을 먹었다. 4일 차에는 강진만 생태공원을 산책하고 완도여객터미널로 가 전남 사랑 도민증을 발급받은 후 청산도로 갔다. 청운 수산에서 해초전복비빔밥을 먹고 서편제 촬영지에 직접 서 보니 그 시절 본 영화 장면이 새록새록 떠올랐다. 완도 구계등 해변과 완도수목원을 돌아보았다. 5일 차에는 백운동 원림, 월남사지 삼층석탑, 이한영 생가와 찻집을 거쳐 옛날팥죽에서 팥칼국수와 만두를 먹고 병영 하멜기념관에 갔다. 하멜표류기에 얽힌 사연이 재미도 있었고 젊었던 하멜의 13년 억류된 삶이 기가 막히기도 했다. 800년 된 강진 성동리 은행나무를 보고 병영에서 열린 '불타는 금요일, 불고기 파티' 축제에 참여해 설성식당에서 병영 돼지불고기를 맛있게 먹었다.

6일 차에는 신안 천사대교, 퍼플 섬의 라벤더 축제, 자은도 분계해변, 무한의 다리를 갔다. 안좌면 사계절 식당에서 낙지볶음을 먹었는데 역시 기막힌 맛이었다. 우리 네 명은 일주일 동안 하루에 약 2만 보를 걸었는데 단 하루도 지겹다거나 피곤하다고 생각한 적이 없었다. 곳곳에 핀 분홍달맞이꽃, 버들마편초, 블루세이지, 붉은 인동, 수염패랭이꽃, 삼색병꽃나무, 분홍낭아욱 등 형형색색의 신선한 꽃들이 인간은 표현할 수 없는 빛으로 우리에게 위로를 건네고 있어 우리는 계속 구호처럼 '여기는 꽃천지네, 여기는 명소 천지네'라고 외치고 다녔다.

농가도 멋있고 주변 섬도 멋있는 강진

우리가 머문 농가는 두 군데였다. 첫 번째 농가 '꽃뜰'에서 먹은 한우불고기전골은 꿀맛이었다. 뒷날 아침 아욱된장국뿐만 아니라 갖가지 나물 반찬도 좋았고 우리를 배려하는 마음을 많이 느낄 수 있어 좋았다. 두 번째 농가 '비비안네 사랑채'도 그야말로 대박이었다. 돼지스테이크도 부드러웠고 메밀전병도 맛있었고, 도토리묵도 압권이었다. 딱 친정어머니가 해 주시던 그 맛이 나서 도토리묵을 먹으며 슬픔이 좀 가라앉는 느낌이었다. 강진에 숙소를 두고 인근에 가 본 섬만 해도 열 군데가 된다. 가우도, 청산도, 완도, 압해도, 암태도, 안좌도, 반월도, 박지도, 자은도, 구리도, 할미도 등을 여행하면서 우리는 어떤 해외여행보다 더 관광과 자연과 사람을 즐겼고 건강한 음식을 먹으며 행복했다.

강진에 살어리랏다

채경애

푸소 농가 정보
토가, 내미농박

나는 늘 도시에 살면서 별을 보고 싶었던 사람이다. 여름이 너무 더워서 에어컨과 보내고 나니, 허무하게 가을이 왔다. 그러다 인터넷으로 푸소(FU-SO)의 존재를 알게 되었고, 많은 체험 후기를 읽었다. 나에게는 생소했던 강진이란 도시에서 일주일 살기는 큰 도전이었다.

그러나 푸소를 통해 본 강진은 너무나 매력적이었다. 특히 한국에서 가장 맛있는 손맛을 자랑하는 전라남도의 가정식을 매일 아침 먹을 수 있다는 것은 멋진 기회였다. 게다가 일반 숙소가 아닌 전라남도 가정집에서 민박을 하는 것은 너무도 새로운 경험이었다.

많은 후기를 읽으면서, 한달을 고민한 끝에 내린 결론은 '아, 나도 살아 보고 싶다'는 것이었다. 아빠가 돌아가신 후, 마음의 병이 생기신 엄마에게 특별한 생일 선물을 해 드리고 싶었다. 엄마의 생일은 추석 다음 날이었다. 그렇게 나의 강진 도전기는 시작되었다.

병영면 '토가'에서 3박4일

첫날은 5시간의 긴 운전 끝에, 숙소에 무사히 도착하는 것으로 끝나는 것 같았다. 그러나, 토가 사장님의 환영 인사와 정성스럽게 준비된 숙소, 맛있는 저녁은 피곤으로 지친 우리를 행복하게 해 주었다. 저녁 식사 전 잠깐 토가 근처에 있는 연꽃호수를 산책했는데, 운전으로 피곤한 심신이 정화되는 기분이 들었다. 지금도 그 순간이 그립다. 병영면에 머무는 동안, 저녁을 먹고 나면 매일 연꽃호수 주변을 산책했다. 비록 연꽃은 없었어도 마을과 산과 들 그리고 연꽃 호수의 정경이 너무 아름다운 곳이었다. 밤에는 까만 하늘에 아주 밝고 예쁜 별이 뜬다.

3박 4일 동안 토가 사장님이 대접해 주신 맛있는 식사가 기억난다. 어찌나 손맛이 좋던지 사진 찍는 것을 잊을 정도로 열중해서 먹다가 찍은 사진도 간직하고 있다. 숙소는 또 얼마나 깨끗한지, 세심한 배려와 틈틈이 챙겨 주시는 간식들까지 정말 이모네 집에 온 듯했다. 토가 사장님과 함께 식사하면서 강진에 대한 소개와 여행하면서 도움이 될 만한 정보들, 그리고 사장님의 재미난 에피소드들까지 다양한 이야기를 들려주어서 꼭 〈6시 내 고향〉 프로그램에 참가한 것 같은 기분이 들었다.

병영면에 있는 모든 관광지는 마치 살아 있는 민속촌이라는 생각이 들 만큼 좋았다. 또한, 병영면은 마을 도로 양쪽으로 벚

나무가 심겨 있어 마을 전체가 벚나무로 둘러싸여 있는 것처럼 보인다. 만화 〈빨간머리 앤〉의 앤이 사는 마을 같았다. 강진의 많은 관광지도 좋았지만, 그냥 병영면에서의 생활이 정말 좋았다. 봄에 꼭 다시 오고 싶다.

마량면 '내미 농가'에서 3박 4일

마량면은 바다가 가까운 곳이라 차로 5분이면 바다를 볼 수 있다. 한국민화뮤지엄, 고려청자박물관도 숙소에서 차로 10분이면 갈 수 있고, 신지 명사십리까지 가깝기 때문에 이 세 곳은 꼭 가 봐야 하는 곳이다. 고려청자박물관에서 했던 도자기 만들기 체험도 재미있었다.

내미 농박은 시골집인데 모든 걸 다 갖추고 있었다. 사장님도 재미있고, 친절하고, 센스가 좋으셨다. 호텔을 모티브로 삼은 시골집 같은 분위기가 났다. 스타벅스의 인테리어와 잘 어울리는 식탁, 호텔의 실내 슬리퍼 같은 고무신, 항아리 옆에 무심하게 놓인 트롬세탁기와 소파 겸용 침대는 사용하기 아주 편리했다. 침대 밑에는 깨끗한 수건이 수십 장 들어 있고, 식사 후에는 카페에서 마실 법한 카푸치노를 건네 주셨다. 내미 농박 사장님은 매일 식사 전에 카톡으로 마량면의 핫플레이스는 물론 최적의 동선까지 추천해 주셨다. 우리 엄마와 동갑이셨는데, 나보다도 더 젊은 감각과 센스, 활동력에 엄마도 마음으로 많은 용기를 얻으셨다고 한다. 집에 돌아가서 먹으라며 늙은 호박과 가지까지 챙겨 주시는 넉넉한 마음에 감사함을 느꼈다. 다녀간 사람들이 방에 붙여 놓은 후기가 적힌 메모들을 읽으면서, 나도 같은 마음으로 메모를 남기고 돌아왔다.

사람이 함께하는 자연과 문화가 있는 강진 여행

최광식

푸소 농가 정보
화담재, 메뚜기펜션

직장생활을 정리하면서 가장 욕심을 낸 것은 남들 다 한다는 한 달 살기였다. 미리 장소도 정하고 일정도 정하고 비용도 예상해 보고 꿈에 부풀었지만, 은퇴 후여도 한 달을 내기에는 만만한 일이 아니었다. 그래서 찾아보기 시작한 것이 일주일 살기였다. 전국 각지에 소개된 일주일 살기는 다양했지만 내용을 정확히 이해하기는 쉽지 않았다. 아내와 정한 조건은 우선 볼 것이 있는 곳, 역사가 있는 곳, 문화가 있는 곳이었다. 제일 중요한 것은 그 지역의 음식을 제공해 주는 곳이었다. 그리고 이 세 가지 조건을 모두 만족하는 곳이 강진의 푸소 체험이었다. 처음에는 아이들이 어릴 때 교육을 위해서 들렀던 영랑생가가 있고 땅끝마을 가는 길에 있는 지역 정도로만 생각했는데 소개 자료를 보니 강진이 이런 곳이었구나 느끼게 되었다. 그리고 훨씬 많은 것을 경험할 수 있었다.

달빛한옥마을 화담재

가랑비 오는 오후에 도착한 달빛한옥마을에서 바라본 안개 속 월출산은 그 첫 번째 즐거움이었다. 우산 속 한옥마을의 푸르름과 화담재의 고즈넉한 정원은 우리가 생각하던 강진을 새롭게 각인해 주었다. 솟을대문 안쪽에 꾸며진 자그마한 정원은 파란 잔디와 앙증맞은 돌길이 이어져 툇마루 걸터앉으면 한눈에 보이고 방 안에 앉아서 발 너머로 보이는 정원은 더 정겹다.

주인께서 들려주는 마을 이야기, 푸소에 대한 이야기, 강진을 소개하는 이야기는 강진을 처음 찾은 우리에게 참 흥미로웠다. 마당이랑 따뜻한 황토방까지 내어 주고, 어린 학생들이 와서 시끄럽게 해도 오히려 '우리 집에 오라'고 말하는 친절함이 강진을 택하기를 참 잘했다는 안도감도 주었다. 아마 한 달 살기를 갔었다면 스스로 해결하고 적응해야 했을 일들이 강진에서는 전혀 문제가 되지 않았다. 달빛한옥마을은 아침 일찍 한 시간 정도 산책하기에 참 좋은 곳이었다. 골목골목을 걸어 보고 언덕에 올라 마을 전체를 바라보고 담장 높지 않은 집집마다 조금씩 특색 있는 정원을 볼 수 있어서 시간 가는 줄 모르고 무엇보다도 마을 어디에서나 볼 수 있는 월출산은 늘 우리를 바라보는 듯했다. 그리고 예상치 못한 화담재의 음식들은 저절로 탄성을 지르게 만들었다. 지금도 그 밥상들이 눈앞에 있는 듯하다. 한정식과 같은 화려함에만 익숙해져 있던 우리에게 직접 만들어 내어 주시는 음식은 우리가 기대했던 남도 음식 그 자체였다. 첫 식사부터 마지막까지 정갈하고 맛있는 식사는 무어라 표현할 수 없는 기쁨을 주었다. 그저 잠만 자던 호텔이나 리조트들과는 비교할 수 없는 마치 가까이 지내는 친구 집에 온 것 같은 따뜻함이 너무 좋았다.

무위사 그리고 백운동 원림

다음 날 가랑비가 오는 강진설록다원에서 바라보는 월출산 봉우리는 동양화를 보는 듯하여 아내와 미소지으며 한참이나 초록을 바라보았다. 조금 더 돌아서 만난, 안개비 오는 무위사는 마치 선경처럼 느껴졌다. 길게 이어진 길과 고요함은 많은 절을 방문해 보았지만 비 오는 무위사는 어디에도 뒤지지 않을 것 같다. 무위사의 고요함을 한 번 더 이어주는 곳이 백운동 원림이었다. 깊은 골에 잘 정리된 정원은 한참이나 앉아서 조용

히 지난 얘기를 하게 해 주었다. 연분홍 달맞이꽃, 연초록 대나무 숲길, 조그마한 연못까지, 우리가 누구인지 지금 어디 있는지 깨닫게 해 주었다. 푸르름을 기억하며 이제야 자세히 바라보게 되는 돌아오는 길과 비 그친 다원은 강진에 대한 호기심을 더욱더 키워 주었다.

영랑생가

아이들이 어릴 적, 코흘리개 아이들을 데리고 달려온 곳이 강진의 영랑생가였다. 영랑의 시를 사랑했기에 나의 아이들도 그를 사랑하기를 바라면서 여름 방학 숙제를 핑계로 찾아왔던 곳. 시간은 많이 흘렀지만 여전히 이제는 아내의 손을 잡고 영랑을 기억하기에 좋은 곳이다. 주변을 정리해 만들어 놓은 문학 전시실은 다른 도시처럼 박물관, 미술관, 전시실 등을 일부러 찾아가야 하는 수고로움을 덜어주었다. 그 시대의 문학을

또한 이제 나이가 들어버린 우리 시대의 문학의 근원을 이해하기에는 더없는 곳이었다. 그리고 그 묵직함을 쉬게 해 주는 모란공원에서 일정을 마무리했다.

사람 사는 냄새, 메뚜기펜션

넓은 들판으로 가는 그곳은 멋진 벚꽃 터널길을 수십 분 달려서 도착할 수 있는 곳이었다. 아마 벚꽃 피는 계절에는 유명한 여의도나 안양천보다도 훨씬 멋있는 길일 것 같아 봄이 아닌 것을 아쉬워할 정도였다. 주인 내외분은 그곳에서 농사도 지으시는 분들이었다. 덕분에 농사지으신 과일도 맛볼 수 있었다. 마을을 둘러보며 농촌의 정취를 느낄 수 있는 이전과는 다른 매력이 느껴졌다. 넓은 숙박 시설은 마치 독채 숙소 같았다. 혹시 우리가 불편할까, 이것저것 물어보시고 챙겨 주시는 두 분의 대접은 너무나 융숭해서 마치 할머니 댁에 온 듯한 느낌이었다. 메뚜기펜션의 주인 내외분은 사람 냄새를 흠뻑 느끼게 해주셨다.

우리 집 청자 머그잔

푸소 프로그램에서 지원해준 청자 빚기 체험으로 만든 머그잔은 지금도 아침저녁으로 사용하며 강진의 기억을 떠올리게 한다. 간혹 아이들의 현장학습이나 도예 체험 프로그램에서 만든 도자기들이 있기는 했지만 그것을 실제 사용한 적은 별로 없었다. 일종의 체험 정도로 끝나는 것이 대부분인데 이번 청자 빚기와 에코백 만들기 체험의 결과물은 일 년이 넘었는데도 여전히 그 기능을 다 하고 있다. 실용성에 기반을 둔 덕분인 듯하다. 주변 박물관을 통해 청자의 역사와 차이를 배워둔 것은 이후 청자를 이해하는 데 많은 도움이 되었다.

03

한눈에 보는 일주일 살기

‘강진에서 일주일 살기’ 운영 농가의 이야기

‘강진에서 일주일 살기’는 시간이 흐를수록 인기가 많아진다. 한 번 다녀간 사람들이 다시 찾게 되고, 또 다른 가족이나 지인들을 소개하면서 연이어 강진을 다시 찾는 사람들이 많아진 것이다. 주는 것보다 받는 것이 많고, 저렴한 가격에 알차다. 6박 7일에 1인 17만 원(2024년 적용 기준 체험비, 아침 식사 6회, 저녁 식사 2회) 이다. 재워 주고 먹여 주고 여행도 시켜 주는 강진에서 일주일 살기를 경험한 사람들은 꼭 다시 강진을 찾는다고 한다. 푸근한 정, 진수성찬보다 정성이 가득한 집밥, 꿈에 그리던 전원생활, 사람들과 아름다운 인연들을 차곡차곡 쌓는 강진에서 일주일 살기를 만들고 지켜 내고 지속할 수 있게 도와주시는 주인분들을 직접 만나 봤다.

① 내미농박

재미있고, 용돈도 버는 푸소는 일거양득

강진군 마량면 청자로 2569 (원포리 179)

강진 마량에 이호남, 손정신 부부가 산다. 젊은 시절 펜팔 하다가 인연이 닿아 결혼하게 되었다는 부부. 50여 년 세월을 함께한 부부는 입맛도 똑 닮았다고 한다. 집도 주인장을 닮아 깔끔하다. 100년이 넘는 집터에 남도의 전통가옥과 편리한 현대식 인테리어로 깨끗하게 단장한 숙소를 갖췄다.

푸소 초대 회장을 역임한 내미농박 이호남 사장님. 당시 강진군에서 공무원들이 강진을 알리는 푸소라는 사업한다고 하니 군민들도 협조하자 해서 봉사하는 마음으로 시작해 푸소를 운영하게 되었다고 한다.

"처음에는 다들 푸소가 뭔지 모르니까 농가를 모집하는 게 많이 힘들었어요. 그때 군청 직원들이랑 면마다 설명회를 다니면서 농가 분들에게 같이 하자고 설득을 하고, 매주 교육을 들었죠."

푸소가 처음 시작될 때만 해도 그는 그저 학생들이 오는 게 반가웠다고 한다. 자녀가 장성해 떠나고 사람이 귀한 시골이니 아이들이 오면 내 식구, 손주처럼 예뻐해야겠다는 마음이었다. 아이들 덕분에 조용한 시골집이 사람 사는 집 같고, 젊어지는 기분이 들어 오히려 자신들이 더 많이 치유됐다며 큰 함박웃음을 짓는다. 이호남 사장님은 푸소를 운영한 지도 벌써 10년 차로 많이 알려지고 자리도 잡게 되었다고 설명한다.

"푸소는 각자 집에서 나오는 쌀과 채소, 농산물로 식사를 준비하니까 정성이 가득하고, 생선, 과일 등 농산물이 다 제철 음식에 무공해니까 오시는 분들이 굉장히 좋아하세요. 저도 운영하는 입장에서 큰돈은 아니지만 재미도 있고, 용돈도 되니까 지속 가능한 농박이 된 것 같아요."

아이들이 푸소를 좋아하는 이유는 첫째가 자유, 둘째가 외갓집에 온 것 같은 정인 것 같다고 한다. 강진에 오면 공부를 잘하는 아이인지, 밖에서 어떤 평가를 받는지를 떠나 다 똑같이 대우를 해주니까 아이들이 소외감을 느끼지 않고 편하게 지내다 갈 수 있다는 것이다. 그리고 부모와 떨어져서 친구들과 함께 독립하는 시간도 소중한 추억이 생기는 일이다. 어른들은 어딘가 가려고 할 때 적당한 코스를 짜 주면 굉장히 좋아한다고 한다. 내미농박은 목적지에 맞게 어디서 밥을 먹으면 좋을지까지 관광리스트를 짜준다고 한다. 이호남 사장님은 "시골은 인터넷에도 여행 정보가 많지 않은데 여행을 하면서 강진의 맛집과 농수산물을 사게 되는 연결고리가 되는 강진에서 일주일 살기가 큰 역할을 한다"고 이야기한다. 사장님은 푸소의 각 농가 하나하나가 강진의 홍보대사라고 얘기하시며 활짝 웃는다. 내미농박은 마량항과 가우도 등 관광지들과 가깝다. 바다체험(고동 잡기, 낚시), 텃밭 체험, 음식 만들기 등 체험 거리도 다양하다. 물이 좋은 마량의 해수탕에서 목욕할 수 있고 고풍스러운 한옥에서 휴식을 취하며 고향의 향수를 달랠 수 있다. 오래된 한옥이라 믿기지 않을 정도로 방 내부는 깔끔하다. 겉은 한옥이지만 안은 모두 고쳤다. 독립된 방이고 개인 화장실, 부엌도 이용할 수 있다.

② 명선하우스

예쁜 집에서 소중한 추억 쌓기

⌂ 강진군 군동면 까치내로 107

명선하우스는 강진읍에 인접한 군동면에 있다. 강진을 관광하기 좋은 곳에 자리해 인기가 많다. 에어비앤비에서도 호평을 받은 명선하우스의 김선화 사장님은 미소가 가득한 분이다. 명선하우스는 푸소를 운영한 지 5년째이다. 이곳을 찾은 분 중에는 다시 이곳을 찾아오는 경우가 많다. 사실 김선화 사장님 부부는 거제도에서 공무원을 오래 하고 퇴직 후 강진으로 귀촌한 경우다. 남편의 고향은 가우도 옆 마을이다. 김선화 사장님의 고향은 해남 사촌이다. 그래서 업으로 해야 한다는 부담감이 없어 에어비앤비를 먼저 시작했다고 한다.

"푸소와 에어비앤비의 차이는 식사를 같이하는 거예요. 식사하면 늘 30분 정도 티타임을 가져요. 각계각층의 다양한 분야에서 일하셨던 분들을 만나서 이야기를 많이 듣다 보니 배우는 것들이

참 많아요. 여행을 가는 이유는 새로운 만남 때문이라고 생각하는데 저는 우리 집에서 이렇게 새로운 여행을 하는 거죠."

명선하우스는 세련된 유럽 스타일의 신축 건물에 넓은 잔디밭과 정원이 잘 꾸며져 있다. 집 내부 1층은 넓은 거실과 식탁이 있는 주인 부부가 사는 공간이고, 2층에는 객실이 2개 있다. 객실마다 베란다가 있고 넓은 잔디밭과 정원이 한눈에 보인다.
쾌적하고 예쁜 집에 머물면서 매일매일 새로 한 생선 요리와 반찬으로 같이 식사하는 것이 매력이 되어서 푸소를 체험한 어떤 한 분은 다섯 번이나 다시 이곳을 찾아오기도 했다고 한다. 그리고 동생네 가족이 찾아오고, 친구를 소개해 또 여러 번 다시 찾은 예도 있었다고 한다.
김선화 사장님이 풀어 준 가장 기억에 남는 에피소드도 재미있다.
"한번은 프랑스에서 애들 셋을 데리고 젊은 엄마가 왔어요. 여름이었는데 장흥에서 열리는 물놀이 축제를 데려가 줬어요. 우리나라 엄마들은 애들이 햇볕에 타면 좀 걱정도 많이 하고 그럴 텐데

애들이 화상을 입을 정도로 놀았더라고요. 아이들에게 약을 사 주려고 일요일에 약국 찾느라 혼났어요. 그런 것도 재밌죠. 또 오셨던 분 중에 모로코로 패키지여행을 갔다 만난 분들도 있었는데, 그분들은 3년 전부터 분기별로 여행을 다닌다고 하더라고요. 그분들은 분기마다, 명절마다 안부 문자를 주세요. 얼마 전엔 사위를 보게 됐다고 좋은 소식을 전해 주셨는데, 여행 와서 만든 인연이 또 다른 여행지에서 만나게 되니 신기하기도 하고 보람 있기도 해요."

김선화 사장님은 상기된 얼굴로 조곤조곤 수다를 떨듯 푸소가 맺어 준 인연을 나누어 주셨다. 좋은 기운을 널리 알리고 나눠 주는 미덕을 베푸는 듯 강진의 푸소와 일주일 살기는 많은 사람에게 좋은 인연을 선물하고 있다는 사실을 일깨워 준다. 여행이 정을 나누고, 사람들에게 더 좋은 추억과 인연을 나누어 주는 일이라는 생각이 든다. 모든 일이 열심히 하는 것보다 스스로 즐기는 것이 가장 소중한 에너지가 된다는 사실을 깨닫게 한다.

③ 추억민박

호텔요리사 출신 사장님 차려주는 집밥

강진군 칠량면 윗영동길 15-6(영동리 643)

강진군에 있는 약 90곳의 농가에서는 1인당 5만 8천 원이라는 저렴한 가격에 농가에서의 하룻밤 숙박과 아침과 저녁 식사를 제공한다. 여기에 강진군에서 관광지 입장료와 각종 체험료를 할인해 주는 패키지를 운영한다. 전원생활을 꿈꾸는 이들에게 특히 인기가 높다.

칠량면에 있는 농가 '추억'은 왼쪽으로 장흥 천관산이 오른쪽으로 칠량만 바다 너머로 해남 두륜산이 보이는 명당이다. 전망 좋은 언덕에 집이 자리 잡고 있고, 꽃이 가득한 정원에 서면 넓은 논이 펼쳐진다. '추억민박'은 호텔에서 요리하던 이삼희사장님과 선장을 하던 남편분의 '추억'이 가득한 농가다. 특히 쌀부터 고춧가루 등 직접 농사지은 농산물들로 밥상을 차려 줘 밥이 맛있는 농가로 입소문이 났다. 저녁에는 보기만 해도 힘이 불끈 솟는 황칠

닭백숙 한 상을 차려 주고, 아침에는 생선구이로 백반 한 상을 차려 주신다. 산해진미보다 풍성하고 정이 가득한 밥상에 여행객들은 소중한 추억을 먹는 셈이다.

강진에서 일주일 살기를 하는 추억 민박은 손님용 숙소가 독채건물이다. 실내도 넓고 깨끗하다. 특히 다용도실처럼 생긴 식당은 주인 부부가 오랜 기간 수집해 온 귀한 물건들이 전시되어 있다.

"선장으로 일하면서 외국을 자주 갔는데 자연스럽게 집에도 쉴 수 있는 공간, 휴게실 같은 공간이 있으면 좋겠다는 생각을 하고 꾸민 곳입니다. 학생들은 처음 보는 것들이 많아서 물건들을 설명해 주면 동영상을 찍어 가는 아이들도 있어요. 길쭉한 스피커 하나가 30년 전엔 집 한 채 값이었다고 설명하면 스피커에 귀를 가까이 대요. 실제로 소리를 들을 줄 아는 분들은 알아보고 음악을 틀면 굉장히 좋아합니다."

휴게실에는 넓은 식당과 당구대가 있다. 그리고 안쪽으로 더 들어가면 진귀한 물건이 보인다. 저울, 문짝, 당그레, 옛날 텔레비전 등 세월의 흔적을 고스란히 간직한 물건들을 수집해 놓았다.

④ 한실농박

오랜 시간 이어지는 손님들의 인연이 가장 큰 보람

강진군 군동면 군장로 371-10

도착하자마자 밝은 미소로 맞아 주시는 정은숙 사장님은 남편 고향인 강진에 내려온 지 44년이 되었다. 남편은 평택에서 교사를 하고, 정은숙 사장님은 우체국에서 근무하다 결혼했다고 한다. 남편이 고향이 그리워 장흥고등학교로 근무지를 옮겼고, 이내 남편 고향에 지금의 집을 지었다. 집 뒤편에 1천 평이 넘는 감나무밭과 정원을 보면 입이 쩍 벌어진다. 수십 년을 가꾼 정원과 과수원의 아름다운 풍경 때문이다. 그런데 한실농박이 강진에서 일주일 살기 인기 농박인 이유는 정원이 아니라 정은숙 사장님의 푸짐한 인심 덕이다.

"많은 분이 다녀갔지만 2020년도 여름에 용인에서 3박 4일을 다녀간 세 식구가 그해 가을 그리고 2021년 여름에도 일주일을 다녀가셨어요. 다녀간 후에 쿠키와 과일을 보내 주셔서 저는 감을

보내 드리고, 올 설에는 홍삼을 보내 주셔서 저는 쌀을 보내 드렸죠. 주거니 받거니 오랜 시간 인연이 이어지는 게 무척 감사하고 기쁜 일이에요. 다른 집들도 다 그렇지만 진짜 내 가족같이 정을 듬뿍 주죠. 손님들이 가실 때는 상추나 마늘, 텃밭의 채소를 뽑아 가지고 가서 반찬 해 드시라고 드려요. 대단한 게 아니어도 다녀와서 추억할 수 있는 것이 좋고, 원래 제 성격이 퍼주는 걸 좋아해서 정이 되는 것 같아요."

정 사장님 부부는 감나무 농사도 짓고, 벼농사도 직접 짓는다. 그래서 푸소를 10년째 운영하는 게 쉬운 일은 아니라고 말한다. 자녀들도 엄마 힘드니까 하지 말라고 걱정한다. 하지만 적적한 집에 손님이 오면 활기도 돌고, 말동무도 생기고, 음식도 더 골고루 신경 써서 하게 돼 좋다고 한다. 정은숙 사장님은 푸소와 강진에서 일주일 살기를 운영하는 것이 자발적으로 하는 일이고, 사람을 만나고 이렇게 인연으로 이어지는 게 참으로 좋다고 이야기한다. 푸소를 하면서 좋은 인연들이 많이 생기고 오랜 시간 인연이 이어지는 손님들이 큰 보람을 준다는 정 사장님. 그리고 강진에서 일주일 살기를 운영하는 농가끼리 회의를 하면서 새롭게 친해진 사람들도 많다고 한다. 어떻게 하면 더 잘할 수 있을까 같이 고민하면서 자연스럽게 공감대가 생긴다고 한다.

강진에서 일주일 살기가 농가 소득에 도움이 되는 면도 있지만 돈보다도 정성을 다해서 다녀간 분들이 강진을 더 사랑하게 되고, 다시 찾아오고 싶게 만드는 첫걸음이라 생각하면 보람이 더 커진다고 한다.

⑤ 월하마을 송진호 귀촌인

강진에서 일주일 살기가 맺어 준 강진 귀촌

월출산을 병풍처럼 두르고 강진다원이 켜켜이 펼쳐지는 월하마을. 백운동 별서정원 옆 마을인데 차밭 한쪽에 예쁜 돌담이 감싸고 있는 작은 마을이다. 월하마을 가운데에 강진에서 일주일 살기와 푸소를 여러 번 체험하고 강진이 너무 좋아 아예 귀촌한 송진호 선생님을 만났다.

"강진에서 다섯 번 정도 푸소를 체험했을 때 강진에서 살면 좋겠다는 확신이 들었어요. 그래서 푸소를 운영하시는 사장님들께 살 집을 소개해 달라고 했어요. 강진 구석구석 돌아다니면서 집을 찾았는데 집을 안 파신다고 해서 포기할까 생각이 들 즈음 지금 월하마을의 이 집을 만나게 되었어요. 마침 이 집은 신축한 지 얼마 되지 않아 내부를 처리하고 마당만 다듬으면 이사를 올 수 있어서 바로 결심했죠."

2023년 4월에 월출산 아래 월하마을에 이사를 와서 부부가 유유자적 전원을 즐기는 모습이 포근하게 느껴진다. 포근하다는 말이 맞는 게 월남사지에서 시작해 경포대, 강진다원, 백운동 별서정원, 무위사로 이어지는 차밭 길을 따스한 햇볕을 받으며 매일 걸을 수 있다는 행복감이 담겨 있어서다.
강진에서 가장 아름다운 산책로로 손꼽히는 곳이 바로 월출산 아래 강진다원 차밭 길이다. 이 길을 매일 걸을 수 있는 행운을 누리는 것이 흔한 인연이 아닐 것이다. 사실 송진호 선생님은 코로나 시절 은퇴를 하기 전에 여행을 아주 많이 다녔다고 한다. 코로나가 길어지면서 서울을 벗어나 원주에서 2년 정도 살았다. 그런데 그때 『중앙일보』에 강진에서 일주일 살기 기사가 크게 나온 것을 친구가 소개해 줘서 기사를 찾아서 읽고서 바로 강진에서 일주일 살기 신청을 했다고 한다. 정말 무릎을 '탁' 칠 정도로 가 보고 싶은 마음이 들었다고 한다.
"그러니까 2022년 11월에 누님하고 남동생하고 4형제가 같이 왔어요. 같이 와서 금강리에서 일주일 살기를 하는데 주인분도 귀촌하신 분이었어요. 그래서 정말 친형제처럼 살뜰하게 챙겨 주고 친절하게 배려를 해주셨어요."
송진호 선생님도 이전에 강진을 많이 왔는데 해남이나 땅끝마을,

완도를 다녀가면서 지나가는 경우가 대부분이었다고 한다. 그런데 원래 여행을 좋아하니까 은퇴 후에는 지금까지 했던 일보다 안 해본 걸 하면서 살아보고 싶었단다. 그래서 강진에서 한 1년쯤 살아 보고 싶다는 생각이 들어 푸소 담당자분께 얘기해서 강진에서 일주일 살기 체험을 더 해보고 싶고 체험을 한 후에 살아 보고도 싶다며 집을 알아봐 달라고 부탁했다고 한다.

"강진에서 일주일 살기 체험 이후 귀농학교를 알게 되면서 2022년 3월부터 11월까지 살면서 이장님과 친해지고 강진분들과도 친해지게 되었어요. 대략 1년을 강진에서 지내다가 아예 강진에 이사 와서 살고 싶다는 생각이 간절해지더라고요. 그래서 아내와 상의를 한 후에 아예 귀촌을 할 수 있게 집을 구하게 되었고, 월하마을에 지금의 집을 천생연분처럼 만나게 된 거죠."

마치 어린아이가 쏙 마음에 드는 선물을 받았을 때 달뜬 표정처럼 얼굴에 미소가 가득해진다. 강진이 송진호 선생님께 큰 선물을 드린 것이다.

"제가 강진에 대략 2년 정도 있는 동안에 제 친구를 비롯한 가족, 지인의 친구의 친구까지 한 50팀 이상이 강진에서 일주일 살기 체험을 하고 갔어요. 아마 그 인연이 강진에서 살고 싶다는 소망으로 발전한 것 같아요. 강진에서 일주일 살기 체험을 한 지인들

이 모두 소중한 정과 행복 보따리를 한가득 채워 가니 제 마음이 너무 행복한 거예요."

송진호 선생님은 강진을 다녀간 지인들이 행복해져서 다시 강진을 찾아오고 또 다른 지인들에게 행복을 선물하는 일을 2년 동안 바라보면서 자연스럽게 강진에서 일주일 살기 전도사가 되었다. 모두에게 나누고 싶고 선물하고 싶은 강진에서 일주일 살기가 맺어 준 인연을 더 많이 나누고 싶다고 들뜬 목소리로 말하며 월출산을 바라본다. 송진호 선생님이 강진에 귀촌하고 친구들이 찾아오고 가족들이 찾아오니 강진에서 일주일 살기는 참으로 소중한 인연이 된 것이다.

텃밭을 가꾸다 강진다원으로 눈길을 보내고, 허리를 펴고 월출산의 하얀 이마를 바라보며 사는 것이 바로 안빈낙도일 것이다. 두 부부가 맑은 미소를 지으며 텃밭을 가꾸는 모습이 소중한 행복으로 다가온다.

강진은 살아 보는 거야
강진에서 일주일 살기

강진을 빛내는
대표 관광지

①
조선 실학을 꽃피우다
다산초당

전남 강진군 도암면 다산초당길 68-35
061-430-3911

강진만이 한눈에 굽어보이는 만덕산 기슭에 자리한 다산초당은 다산 정약용 선생이 강진 유배 18년 중 10여 년 동안을 생활하시면서 『목민심서』, 『경세유표』, 『흠흠신서』 등 600여 권에 달하는 조선 후기 실학을 집대성하였던 곳이다. 현판에 판각된 '다산초당'이란 글씨는 추사 김정희 선생의 친필을 집자해서 모각한 것이다.

다산초당, 동암, 서암, 천일각 등의 건물과 '다산 4경'이라 부르는 정석, 약천, 다조, 연지석가산 등의 유적이 있다. 다산초당을 비롯하여 이곳의 다양한 유적을 '정약용 유적'으로 통합하여 사적 107호로 지정하여 보호하고 있다. 다산초당 건물은 원래 목조 초가였으나 1936년에 노후로 인해 붕괴하여 없어졌던 것을 1957년 강진 다산유적보존회에서 그 자리에 목조 기와집으로 중건하였다.

다산 정약용 선생(1762~1836)은 진주목사를 지낸 정재원의 넷째 아들로 태어나 28세에 문과에 급제하여 예문관검열, 병조참지, 형조참의 등을 지냈으며 1801년 신유사옥으로 경상도 장기 유배되었다가 황사영 백서 사건으로 다시 강진으로 유배되었다. 처음에는 강진읍 동문 밖 주막과 고성사의 보은산방, 제자 이학래 집 등에서 8년을 보낸 후 1808년 봄에 다산초당으로 거처를 옮겨 해배(解配) 되던 1818년 9월까지 10여 년 동안을 다산초당에서 생활하면서 제자들을 가르치고 저술을 하였으며, 다산의 위대한 업적이 대부분 이곳에서 이루어졌다. 다산초당에서 백련사로 이어지는 오솔길은 다산 정약용 선생이 백련사의 명승 아암 혜장 선사를 만나기 위해 오가던 사색의 길이다. 길이는 800m이며 도보로 30분 정도 소요된다. 길 주변에는 동백나무와 차나무가 어우러져 있어 경관이 아름답고 경사도 완만하여 걷기 코스로 제격이다. 오솔길 중간 지점에는 해월루가 있어 잠시 쉬어 갈 수도 있다.

②

영랑의 시혼이 살아 숨 쉬는

영랑생가

- 전남 강진군 강진읍 영랑생가길 15
- 061-430-3911
- 9시~18시

중요민속문화재 제252호인 영랑생가는 우리나라 대표 서정시인 영랑 김윤식 선생의 생가를 1985년 강진군에서 매입하여 원형 그대로 보존·관리해 오고 있다.

영랑 김윤식 선생(1903~1950)은 남도의 사투리를 음악성 있는 시어로 표현한 서정시인이자 단 한 줄도 친일 문장을 쓰지 않은 민족시인으로 1903년 1월 16일 이곳에서 김종호의 2남 3녀 중 장남으로 태어났다. 어릴 때는 채준으로 불렸으나 윤식으로 개명하였으며 영랑은 아호인데 문단 활동 시에는 주로 이 아호를 사용했다. 영랑 선생은 1950년 9월 29일 작고하기까지 주옥같은 시 80여 편을 발표하였는데 1930년 3월 창간한 『시문학』지를 중심으로 박용철, 정지용 등과 더불어 현대시의 새 지평을 열었다. 선생은 생애 87편의 시를 남겼으며 그중 60여 편이 일제강점기에 창씨개명 등을 거부하고 이곳 영랑생가에서 쓴 것이다.

영랑생가는 1948년 영랑이 서울로 이거한 후 몇 차례 전매되었으나 1985년 강진군에서 매입하여 관리해 오고 있는데 안채는 일부 변형되었던 것을 1992년에 원형으로 보수하였고, 문간채는 철거되었던 것을 영랑 가족들의 고증을 얻어 1993년에 복원하였다. 생가에는 시의 소재가 되었던 샘, 동백나무, 장독대, 감나무 등이 남아 있으며 모란이 많이 심겨 있다.

③

청자, 그 천년의 신비를 빚다

고려청자박물관

전남 강진군 대구면 청자촌길 33
061) 430-3755
청자 빚기 체험 안내 : 061) 430-3735

전남 강진군 대구면과 칠량면 일대는 고려 초기부터 후기까지 고려청자를 만들었던 가마가 있으며, 우리나라 청자의 발생과 발전, 쇠퇴 과정을 일목요연하게 볼 수 있는 '청자의 보고(寶庫)'이다. 이 지역에서 지표 조사된 청자요지(窯址)는 총 188개소이며, 이는 우리나라에 현존하는 청자요지의 50% 정도를 차지한다. 이러한 중요성과 학술 가치가 인정되어 1963년 국가사적 제68호로 지정되어 보존되고 있다.

고려청자박물관은 강진 청자요지와 고려청자 문화유산을 체계적으로 보존·계승하기 위해 1997년 개관하였으며, 다양한 전시·교육 프로그램으로 고려청자 연구의 메카 역할을 하고 있다. 강진의 청자 가마터는 우리나라 고려 시대 도자기 역사를 대표할 만큼 문화유산으로서 가치가 높은 곳이다. 고려 시대 500여 년 동안 지속해서 청자를 만들었으며, 그 생산품은 왕실과 귀족, 사찰 등지에 사용되었다. 2007년 태안 죽도 해저발굴에서는 탐진(강진의 고려시대 지명)이 쓰여 있는 목간이 발견되어 2만 3천여 점의 고려청자의 생산지가 강진임을 증명해 주었다. 고려청자박물관은 고려청자의 생산, 소비, 유통, 변천 과정 등 고려청자에 대해 일목요연하게 감상할 수 있는 전시공간으로 상설전시·기획전시·특별전시·야외전시 등 다양한 전시를 관람함으로써 청자에 대한 이해를 돕는다.

- 관람 시간 : 09:00~18:00(화요일~일요일)
- 휴관일 : 매주 월요일 휴관(단, 청자 빚기 체험장은 운영)
- 매표 시간 : 관람 종료 30분 전까지 매표 가능
- 관람료 : 어른 2,000원(30인 이상 단체 1,500원)
  청소년 1,500원(30인 이상 단체 1,000원) / 어린이 1,000원(30인 이상 단체 500원)
- 주차시설 : 무료
- 체험 인원 : 1회 체험 70명가량 가능(71명 이상은 조 편성 후 순차 실시)
- 신청 및 예약 : 현장 신청 및 온라인·전화 예약(체험 3일 전까지만 예약 가능)
  ※ 디지털박물관: 10시~17시(점심시간 제외)

④

바다, 그리고 섬의 매력에 빠져든다

가우도

청자다리 :
강진군 대구면 저두리
다산다리 :
강진군 도암면 신기리
061-430-3312

전라남도의 '가고 싶은 섬'으로 선정된 가우도(駕牛島)는 강진의 8개 섬 가운데 유일한 유인도이다. 강진읍 보은산을 소의 머리로 두고, 섬의 생김새가 소(牛)의 멍에에 해당한다 하여 가우도라 이름 붙여졌다. 가우도는 강진 대구면을 잇는 저두 출렁다리(438m)와 도암면을 잇는 망호 출렁다리(716m)에 연결되어 있으며 해안선을 따라 조성된 생태 탐방로 '함께해(海)길'(2.5km)은 산과 바다를 감상하며 걸을 수 있는 천혜의 산책 코스로 많은 관광객이 찾고 있다.

저녁이 되면 저두 출렁다리와 망호 출렁다리는 모두 멋진 조명으로 옷을 입는다. 다양하게 바뀌는 조명은 강진에서 가장 화려한 밤 조명이 아닐까 생각한다. 해가 지는 노을과 어우러진 출렁다리의 풍경은 인생 사진을 찍기에도 최적이다.

가우도복합낚시공원에서는 낚시와 짚트랙 및 다양한 해양스포츠를 즐길 수 있다. 짚트랙은 약 1km 길이로 청자타워에서 출발해 대구면 저두해안까지 갈 수 있고 소요 시간은 1분이다. 또, 제트보트나 요트 등 스릴만점 레저스포츠로 색다르게 즐기기도 한다. 해안선을 따라 걷는 함께해길은 2.5km로 도보로 1시간에서 1시간 30분 정도 소요된다.

가우도 해양레저 운영시간

09:00~18:00 (성수기 및 비수기 탄력 운영)

모노레일 입장료

어른 3,000원 / 청소년 1,500원 / 강진군민 2,000원

* 승차권은 왕복 이용권으로 내려올 때까지 지참해야 함
* 미취학 아동(만6세 미만)은 보호자 동반 시 무료

⑤

아름다움이 가득! 싱싱함은 보너스!

마량미항

전남 강진군 마량면 미항로
061-430-3267

유서 깊은 만호성터가 남아 있는 마량항은 까막섬이 물고기가 서식하기 좋은 환경을 제공하는 어부림의 역할을 하고, 고금도가 마량항으로 밀려드는 파도를 막는 방파제 역할을 해주어 사시사철 해산물이 넘쳐나는 천혜의 자연환경을 갖춘 풍요로운 항구다. 전국 최초로 어촌어항 복합공간으로 개발되었으며, 천연기념물인 마량 까막섬 상록수림과 고금 연륙교가 아름다워 미항(美港)으로 불린다고 한다.

마량(馬良)은 '말을 건너 주는 다리'란 뜻의 지명이다. 7세기 무렵 제주를 오가던 관문으로서 조공을 목적으로 제주에서 실어 온 말들을 중간 방목하던 목마장이 있었던 곳이다. 마량항은 조선 초기 태종조 1417년 마두진이 설치되어 만호절제도위가 관장하였고 임진왜란, 정유재란을 겪을 당시 거북선 한 척이 상시 대기하는 전략적 요충지였다. 낮보다 밤의 정취가 아름다운 이곳 마량미항에서는 매주 토요일 아름다운 항구와 관광객이 하나 되는 흥겨운 음악회가 열린다. 바로 '마량놀토수산시장 & 마량토요음악회'이다. 무공해 특산품과 청정 지역의 신선한 회와 어패류를 최고 신선, 최고 품질, 최고 저렴하게 만날 수 있는 마량놀토수산시장과 회 뜨기 쇼, 고려청자 즉석 경매 등 다양한 볼거리와 즐길 거리가 가득한 마량토요음악회가 4월부터 10월까지 매주 토요일 마량항중방파제 일원에서 개최된다.

⑥

500년 호국정신의 성지

전라병영성

전남 강진군 병영면 병영성로 175

061-430-3362

전라병영성(全羅兵營城)은 조선 태종 17년(1417)에 설치되어 고종 32년(1895) 갑오경장까지 조선 500여 년간 전라남도와 제주도를 포함한 53주 6진을 총괄한 육군의 총지휘부이다. 그러나 1894년 갑오농민전쟁(동학)을 맞아 병화로 소실되었고, 이어 1895년 갑오경장의 신제도에 의해 폐영 되고 말았다. 병영성 성곽의 총 길이는 1,060m이며, 높이는 3.5m, 면적은 93.139m²(28.175평)이다. 현재는 사적 397호로 지정되어 있다.

병영성 내의 당시 건물이나 유적은 소실되고 없으나 성곽은 뚜렷이 남아 있어, 그 역사적 의의를 고려하여 현재 복원 중이다. 특히 병영성은 서양에 우리나라를 처음으로 소개했던 하멜이 1656년 강진 병영으로 유배되어 7년 동안 살면서 노역했던 곳으로서, 주변의 전라병영성 하멜기념관과 함께 하멜 관련 역사문화 유적지의 역할도 크다.

⑦

월출산 아래 푸르른 차향이 가득

백운동 원림과 강진다원

백운동 원림
전남 강진군 성전면
월하안운길 100-63
061-430-3312

강진다원
전남 강진군
성전면 백운로 93-25
061-432-5500

강진다원은 한국 제다 업계의 선두주자인 '태평양 다원'에서 운영하는 차밭으로 면적이 무려 33.3ha에 이른다. 월출산 밑으로 넓게 펼쳐진 차밭의 정경은 장관이다. 부드러운 곡선과 푸르름이 돋보이는 차밭은 월출산이 솟아오른 바위들과 절묘한 조화를 이룬다. 월출산은 큰 바위가 병풍처럼 둘러쳐져 산세가 뛰어나며 예로부터 산 주변의 여러 사찰을 중심으로 차나무가 재배되었다. 일찍이 다산 정약용은 월출산에서 나오는 차가 천하에서 두 번째로 좋은 차라고 극찬하기도 했다. 5월의 강진다원은 인기있는 관광명소로, 방문객들은 단지 관광이나 사진 촬영에 그치는 것이 아니라, 그윽한 차 향기에 취하며 찻잎을 따 보는 이색체험도 할 수 있다.

강진다원 끝자락으로 가면 천혜의 자연 속에 깃든 그림 같은 풍경을 만날 수 있다. 백운동 원림이 그 주인공이다. 조선 중기 처사 이담로(聃老, 1627~1701)가 들어와 계곡 옆 바위에 '白雲洞'이라 새기고 조영(造營)한 원림이다. 자연과 인공이 적절히 배합된 배치와 짜임새 있는 구성을 이루며 우리 전통 원림의 원형이 그대로 보존한 별서이다. 백운동(白雲洞)이란 '월출산에서 흘러내린 물이 다시 안개가 되어 구름으로 올라가는 마을'이라는 뜻으로 약사암과 백운암이 있었던 곳으로 전해진다. 현재의 건물은 다산 선생이 1812년 이곳을 다녀간 뒤 아름다운 경치에 반해 제자 초의선사에게 「백운동도」를 그리게 하고 백운동 원림의 12승경을 노래한 시문을 남겼는데 이를 근거로 호남의 유서 깊은 전통별서의 모습을 재현하게 되었다. 백운동 계곡은 강진향토문화유산 22호로 지정되어 있으며 담양 소쇄원, 완도 보길도의 세연정 등과 함께 호남의 3대 정원으로 일컬으며 조선 중기 선비들의 은거 문화를 알려 주는 중요한 문화유산이다.

강진관광지도

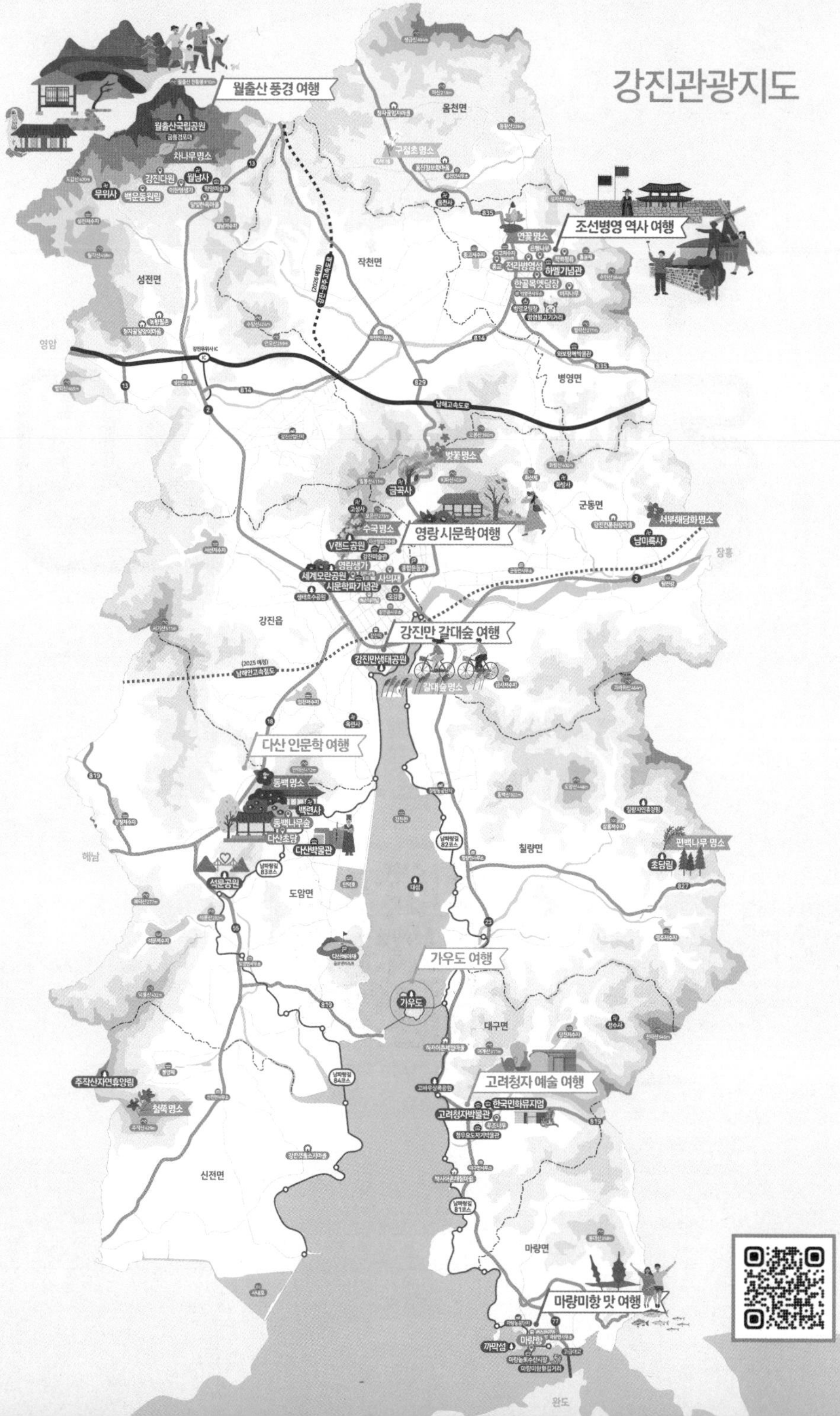

월출산 풍경 여행
월출산국립공원
차나무 명소
강진다원
월남사
무위사
백운동원림
옴천면
구절초 명소
조선병영 역사 여행
연꽃 명소
전라병영성
하멜기념관
한골목옛담장
병영돼지불고기거리
작천면
성전면
영암
남해고속도로
병영면
벚꽃 명소
금곡사
군동면
서부해당화 명소
남미륵사
장흥
수국 명소
V랜드공원
영랑시문학여행
영랑생가
세계모란공원
시문학파기념관
사의재
강진읍
강진만 갈대숲 여행
강진만생태공원
갈대숲 명소
다산 인문학 여행
동백 명소
백련사
동백나무숲
다산초당
다산박물관
해남
석문공원
도암면
칠량면
편백나무 명소
초당림
가우도 여행
가우도
대구면
고려청자 예술 여행
한국민화뮤지엄
고려청자박물관
주작산자연휴양림
철쭉 명소
신전면
마량면
마량미항 맛 여행
까막섬
마량항
완도

할인혜택

※ 각종 할인혜택은 기간 및 상황에 따라 변경될 수 있음
※ 현장방문시 실물 쿠폰 절취분에 해당 (복사본 사용불가)

고려청자박물관

무료 관람

사용기한 : 24.08.01~25.12.31
이용문의 : 061-430-3755

한국민화뮤지

관람료 2,000원 할

사용기한 : 24.08.01~25.12
이용문의 : 061-433-9770

다산박물관

무료 관람

사용기한 : 24.08.01~25.12.31
이용문의 : 061-430-3911

오소스테이

숙박료 10% 할인

사용기한 : 24.08.01~25.1
이용문의 : 061-434-443

가우도해양레저 짚트랙

15,000원
(강진군민혜택 적용)

사용기한 : 24.08.01~25.12.31
이용문의 : 061-433-9500

강진에서 일주일 살기